'나는 무엇에 가장 흥미를 느낄까?' 이건 여러분이 스스로에게
할 수 있는 가장 중요한 질문이에요. What on Earth!의 모든 책은
여러분이 좋아하고 재미있어 하는 것들을 탐구하고 발견할 수 있도록 도와주어요.
여러분이 발견한 흥미로운 것들을 다른 사람들과 나누면,
그 기쁨은 더욱 널리 퍼져 나간답니다. 왜냐하면, 이 세상은 우리가
상상하는 것보다 훨씬 더 놀랍고 멋진 곳이니까요!

크리스토퍼 로이드
What on Earth! 창립자

기발하고 신박한 질문들
호기심 백과

우리 몸과 동물의 비밀

기발하고 신박한 질문들
• 차례 •

우리 몸

특별하고 조화로운 우리 몸과
생명의 신비에 관한 모든 궁금증!

6

머리카락은 어떻게 자랄까? • 8
눈은 어떻게 사물을 볼까? • 10
귀는 어떻게 소리를 들을까? • 12
코는 어떻게 냄새를 맡을까? • 14
숨을 어떻게 들이쉬고 내쉴까? • 16
우아! 이게 뭐지? • 18
심장은 어떻게 뛰는 걸까? • 20
뼈는 어떻게 자랄까? • 22
궁금해! 누가 좀 알려 줘 • 24
음식이 똥이 되려면 얼마나 걸릴까? • 26
우아! 이게 뭐지? • 28
아기는 어떻게 태어날까? • 30
운동은 어떻게 우리를 건강하게 할까? • 32
감기는 어떻게 걸리는 걸까? • 34
코딱지는 어떻게 만들어질까? • 36
상처는 어떻게 낫는 걸까? • 38
우리는 어떻게 기억을 할까? • 40
우리는 어떻게 잠들까? • 42
궁금해! 누가 좀 알려 줘 • 44

날고 기는 벌레들

우리 주변에 있는 작지만 놀라운 생명체에 관한 모든 궁금증!

46

벌들은 어떻게 윙윙 소리를 낼까? • 48
곤충은 어떻게 높은 곳까지 날까? • 50
곤충은 어떻게 잠을 잘까? • 52
궁금해! 누가 좀 알려 줘 • 54
곤충은 어떻게 벽을 기어다닐까? • 56
거미는 어떻게 거미줄을 칠까? • 58
우아! 이게 뭐지? • 60
지렁이는 어떻게 땅속에서 방향을 알까? • 62
달팽이는 등껍데기 안에 어떻게 몸을 넣을까? • 64
나비는 어떻게 먹이를 먹을까? • 66
곤충은 어떻게 물 위를 걸을까? • 68
궁금해! 누가 좀 알려 줘 • 70
우아! 이게 뭐지? • 72
꿀벌과 말벌은 어떻게 다를까? • 74
귀뚜라미는 어떻게 소리를 낼까? • 76
흰개미는 어떻게 높다란 집을 지을까? • 78
이 세상에는 개미가 몇 마리나 있을까? • 80

야생 동물

야생의 땅에서 살아가는 멋진 동물들에 관한 모든 궁금증!

82

해파리는 어떻게 독을 쏠까? • 84
비버는 어떻게 댐을 만드는 걸까? • 86
뱀은 어떻게 이동할까? • 88
궁금해! 누가 좀 알려 줘 • 90
돌고래들은 어떻게 서로 이야기를 나눌까? • 92
나무늘보는 얼마나 느릴까? • 94
북극곰은 어떻게 몸을 따뜻하게 할까? • 96
올챙이는 어떻게 개구리가 될까? • 98
우아! 이게 뭐지? • 100
박쥐는 어떻게 어두운 곳에서 앞을 볼까? • 102
두더지는 어떻게 땅굴을 팔까? • 104
상어는 어떻게 사냥할까? • 106
우아! 이게 뭐지? • 108
새들은 어떻게 하늘을 날까? • 110
궁금해! 누가 좀 알려 줘 • 112
아홀로틀은 어떻게 물속에서 숨을 쉴까? • 114
펭귄은 어떻게 서로를 구별할까? • 116
공룡은 어떻게 멸종되었을까? • 118

낱말 풀이 • 120   찾아보기 • 122   이미지 출처 • 123   참고 자료 • 124   만든 사람들 • 126

우리 몸

• • • • • • • • •

머리카락은 어떻게 자랄까?
특별하고 조화로운 우리 몸과
생명의 신비에 관한 모든 궁금증!

머리카락은 어떻게 자랄까?

머리카락은 피부에서 불쑥 튀어나와요. 풀이 흙을 뚫고 나오듯이요. 머리카락 한 올 한 올의 뿌리는 피부 표면 아래에 있는 '모낭'이라는 작은 자루 안에 숨어 있지요. 모낭은 머리카락을 이루는 물질인 '케라틴'을 만들어요. 모낭에서 케라틴을 많이 만들수록 머리카락은 더 길게 자란답니다.

머리카락은 일주일에 약 2밀리미터씩 자라요. 500원짜리 동전 두께와 비슷한 길이예요.

놀라운 사실

우리 머리카락과 손발톱은 케라틴으로 이루어졌어요. 동물의 발톱이나 부리, 굽, 뿔, 비늘, 심지어 깃털까지도 케라틴으로 만들어졌답니다!

🔍 머리카락 한 가닥을 크게 확대한 모습

머리카락은 모낭이라는 작은 자루 안에서 자라요.

- 머리카락
- 피부 표면
- 모낭
- 모근

양쪽 눈은 각각 100만 개가 넘는 신경들로 뇌와 연결되어 있어요.

동공을 둘러싼 도넛 모양의 '홍채'가 눈 색깔을 결정해요.

놀라운 사실
눈알은 '유리체'라는 투명한 젤리 같은 물질로 가득 채워져 있답니다.

눈은 어떻게 사물을 볼까?

우리 눈이 어떻게 초콜릿 컵케이크를 볼 수 있는지 알아보아요. 먼저 컵케이크에서 튕겨져 나온 빛이 눈 한가운데에 있는 동그랗고 검은 부분인 '동공'으로 들어가요. 이 빛은 번개 같은 속도로 동공 뒤에 있는 투명한 '수정체'를 지나 눈알 맨 뒤쪽의 '망막'에 도착해요. 망막은 아주 예민한 신경들로 덮여 있어요. 이 신경들이 뇌로 신호를 보내면 뇌는 눈이 보고 있는 것을 처리해요.

눈으로 보는 방법

망막 / 수정체 / 눈알 / 동공

1. 컵케이크에서 튕겨 나온 빛이 동공을 통해 우리 눈으로 들어와요.

2. 빛은 눈알 뒤쪽의 망막에 도착해요. 여기에서는 컵케이크의 위아래가 뒤집힌 모습으로 상이 맺혀요!

3. 신경은 재빨리 뇌로 신호를 보내요. 뇌는 뒤집혔던 상을 다시 바르게 만들어요.

귀는 어떻게 소리를 들을까?

놀라운 사실
귀에는 먼지와 때, 세균이 한데 뭉쳐진 '귀지'가 있어서 공기 중의 더러운 물질이 귀 안으로 들어가지 않게 귀를 보호해요.

우리 귀의 대부분은 머리 안쪽에 있다는 사실을 알고 있나요? 눈에 보이는 바깥 부분인 '귓바퀴'는 공기 중의 소리를 모아 '외이도'로 보내요. 외이도는 소리가 이동하는 통로예요. 소리는 외이도를 따라 머리 안쪽으로 들어가 '고막'에 부딪쳐요. 그러면 소리의 진동 때문에 고막이 떨리게 되고, 고막 주변에 있는 아주 작은 3개의 뼈도 함께 흔들린답니다. 이 진동은 액체로 가득 찬 구부러진 '달팽이관'으로 전해지는데, 달팽이관 안쪽에 늘어선 작은 털들이 진동에 따라서 이리저리 움직이며 뇌로 전달할 신호를 만들어요. 뇌는 이 신호를 '소리'라고 느끼게 된답니다. 자, 들어 보세요!

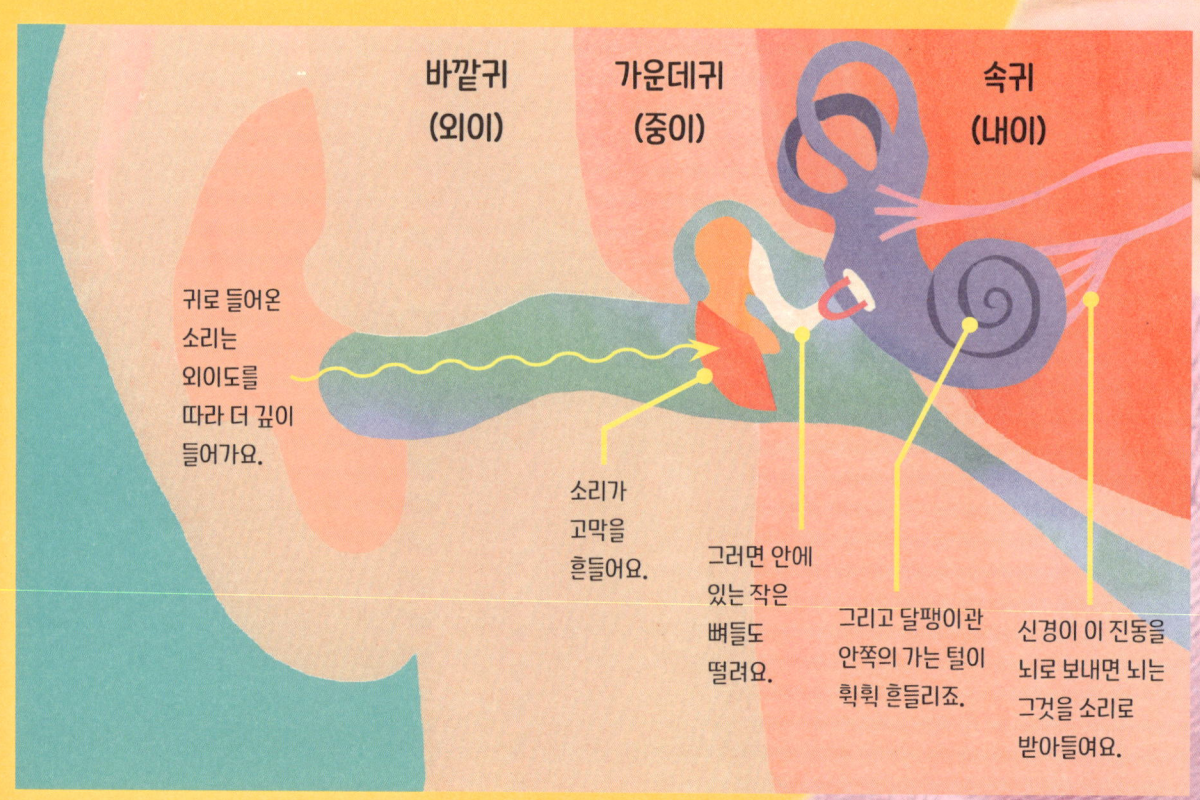

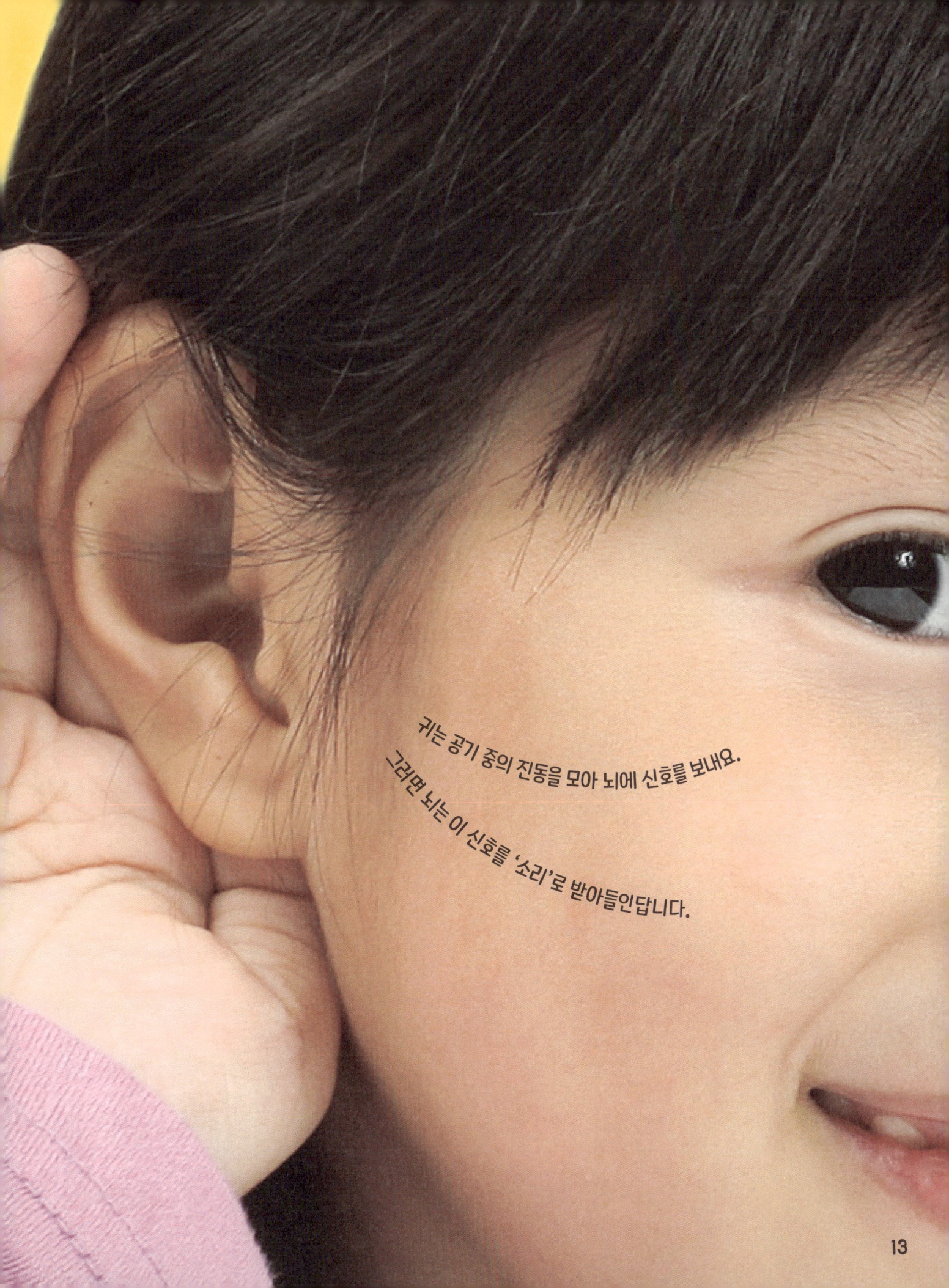

귀는 공기 중의 진동을 모아 뇌에 신호를 보내요.
그러면 뇌는 이 신호를 '소리'로 받아들인답니다.

코는 어떻게 냄새를 맡을까?

놀라운 사실
어른보다 어린이가 냄새를 훨씬 더 잘 맡아요. 10살 어린이가 가장 잘 맡는답니다!

맛있는 음식이나 향긋한 꽃, 냄새나는 똥과 같은 것들은 아주 작은 냄새 입자를 퍼뜨려요. 이 입자는 공기 중에 둥둥 떠다니다가 우리가 코로 공기를 들이마시면 코 뒤쪽으로 들어가요. 콧구멍에 손가락을 넣었을 때 손끝이 닿는 곳보다 조금 더 깊은 곳이에요. 이곳은 아주 작은 털들로 덮여 있는데, 냄새 입자가 털에 달라붙으면 털에 연결된 신경이 뇌로 정보를 보내서 어떤 냄새인지 알아낸답니다.

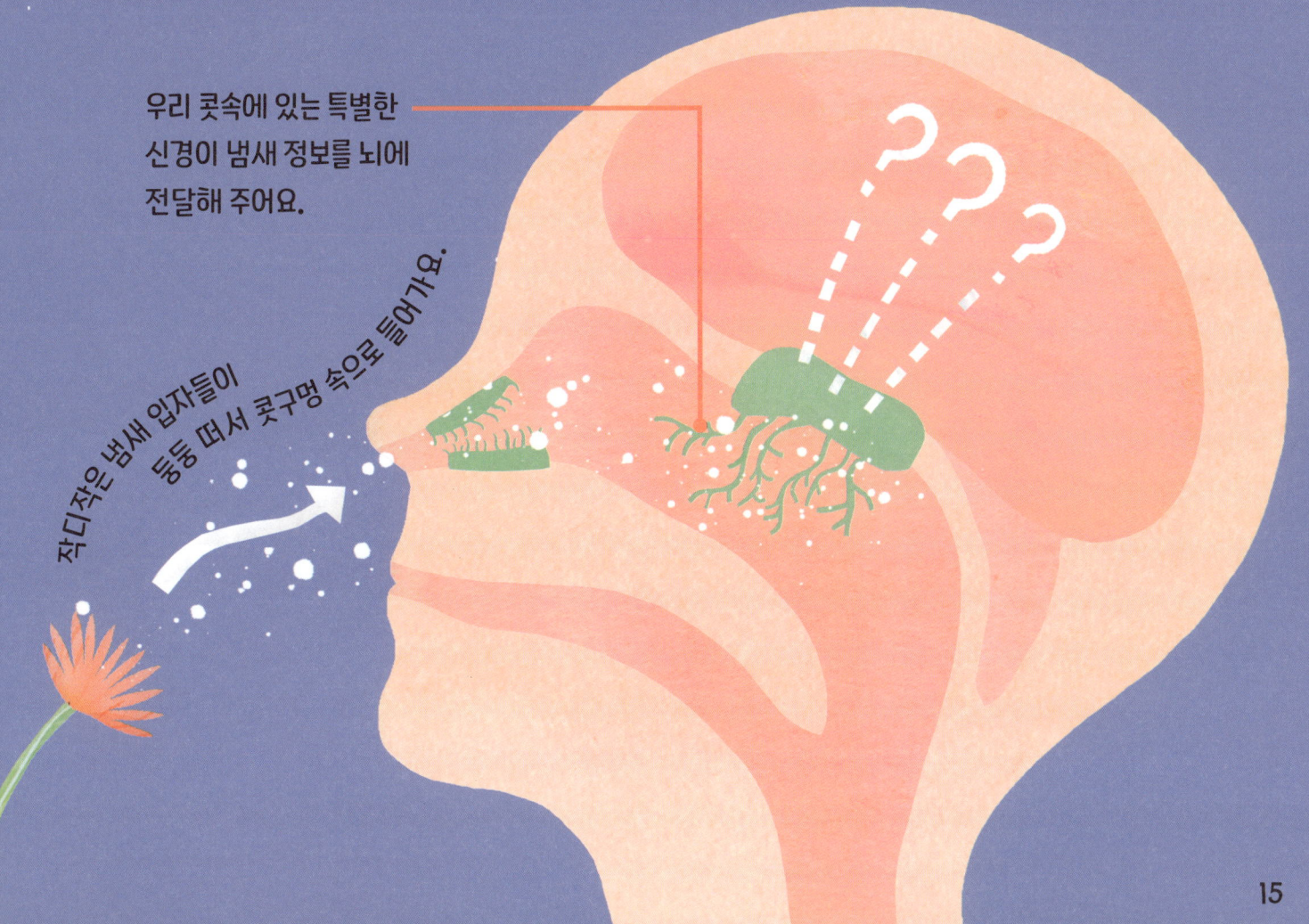

우리 콧속에 있는 특별한 신경이 냄새 정보를 뇌에 전달해 주어요.

작디작은 냄새 입자들이 둥둥 떠서 콧구멍 속으로 들어가요.

숨을 어떻게 들이쉬고 내쉴까?

우리는 입이나 코를 통해 공기를 들이마시고 내뱉어요. 우리가 들이마신 공기는 '기관'이라는 통로를 지나 폐로 들어가지요. 호흡을 담당하는 폐는 가슴 오른쪽과 왼쪽에 하나씩 자리하고 있는데, 마치 스펀지 같아요. 신선한 공기를 들이마실 때는 커졌다가 오래된 공기를 내보낼 때는 작아지거든요. 폐가 움직일 수 있도록 도와주는 건 폐 바로 아래에 있는 '횡격막'이라는 둥근 지붕 모양의 근육이에요. 횡격막이 아래로 내려가서 폐가 커다랗게 부풀면 공기가 안으로 들어올 수 있어요. 반대로 횡격막이 위로 올라가서 폐가 작아지면 안에 있던 공기를 밖으로 밀어 내 숨을 내쉬게 된답니다.

놀라운 사실

오른쪽 폐는 왼쪽 폐보다 더 크고 무거워요. 왼쪽 폐는 심장과 공간을 나누어 쓰기 때문에 좀 더 작아요.

🔍 호흡 운동

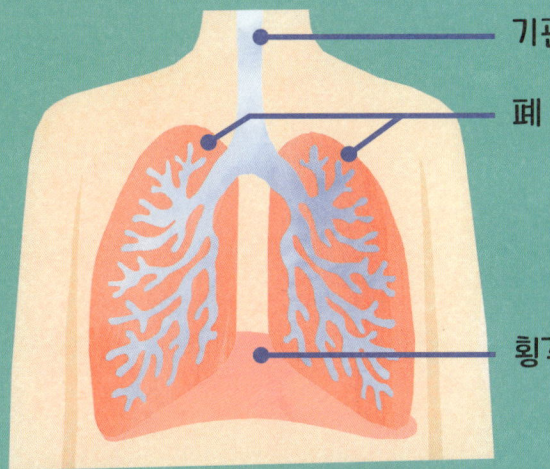

숨을 들이마시면 폐는 공기로 가득 차요. 이 공기에는 우리가 살아가는 데 필요한 '산소'가 들어 있어요.

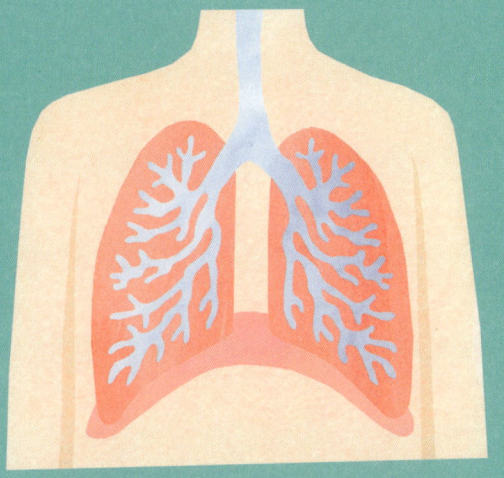

숨을 내쉬면 우리 몸에 더 이상 필요 없는 것들이 빠져나가요. 이 중에는 '이산화탄소'도 들어 있어요.

폐를 둘러싸고 있는 갈비뼈가 폐를 보호해요. 숨을 깊이 들이마시면 갈비뼈가 움직이는 걸 느낄 수 있답니다.

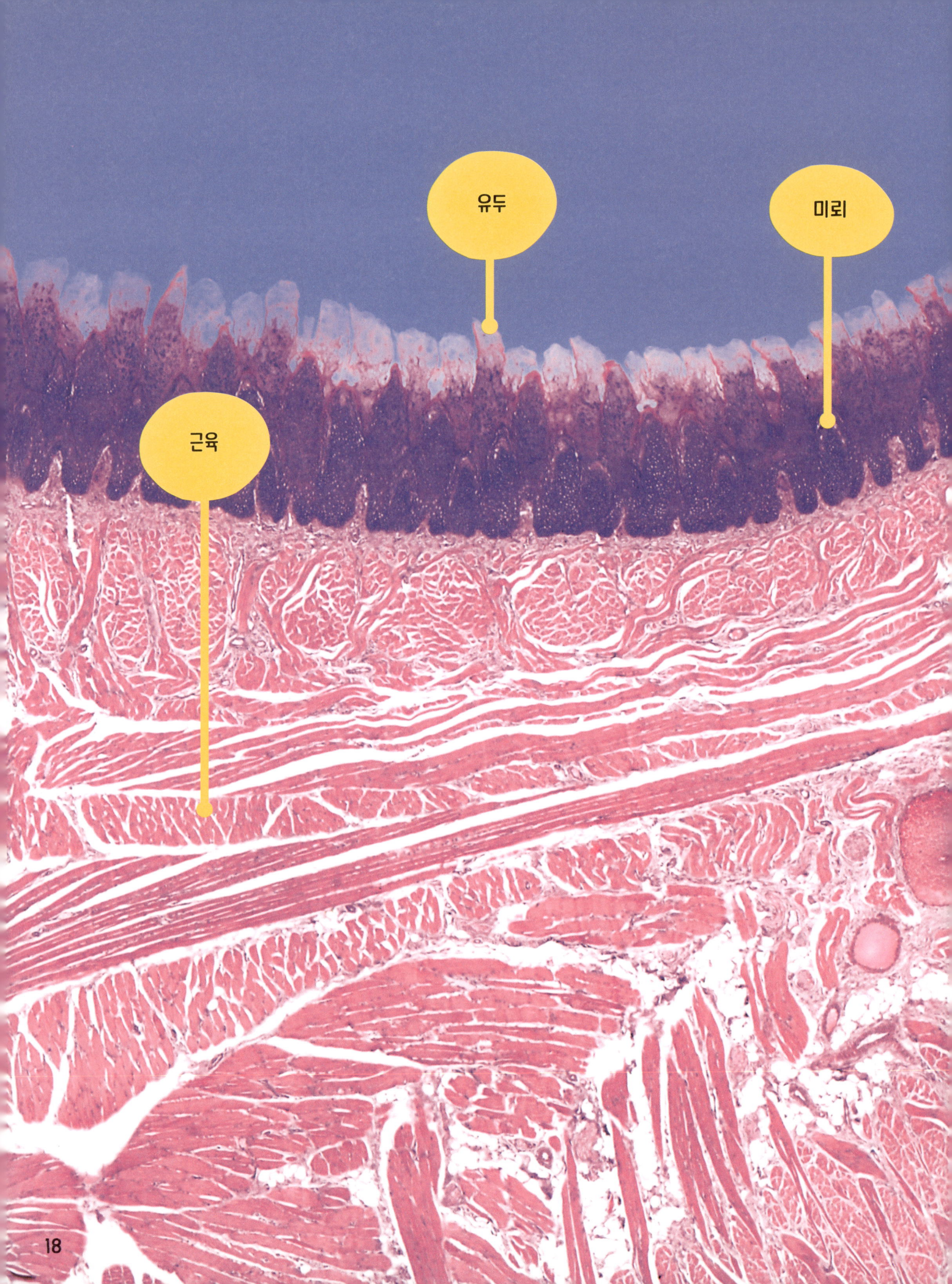

우아! 이게 뭐지?

혀의 내부를 들여다본 모습이에요! 혀끝에 있는 근육은 음식물을 씹는 데 도움을 주고, 혀 뒤쪽 근육은 음식을 잘 삼킬 수 있도록 해 주어요. 혀 표면은 '유두'라는 조그만 돌기들로 덮여 있어서, 우리가 음식을 먹는 동안 음식물이 미끄러지지 않게 붙잡아 주지요. 유두에는 수많은 '미뢰'가 늘어서 있어요. 미뢰가 음식에 대한 정보를 뇌로 전달해 주는 덕분에 우리는 다양한 맛을 느낄 수 있답니다.

심장은 어떻게 뛰는 걸까?

가슴에 손을 한번 올려 보세요. 두근두근! 바로 우리 심장이 피를 온몸으로 펌프질하는 소리랍니다. 찌릿한 전기 자극으로 인해 심장은 약 1초에 한 번씩 뛰어요. 우리가 일부러 의식하지 않아도 자동으로요. 심장이 한 번 펌프질할 때마다 피는 심장에서 폐로 밀려가고, 또 온몸으로 퍼져요. '혈관'이라는 관을 통해서요. 피는 우리에게 필요한 산소를 비롯한 중요한 영양소를 우리 몸 곳곳으로 실어 나르는데, 피가 이런 일을 할 수 있도록 심장이 도와준답니다. 콩닥콩닥!

놀라운 사실

범고래는 포유류 가운데 심장이 가장 커요. 범고래의 심장은 작은 자동차만 해요!

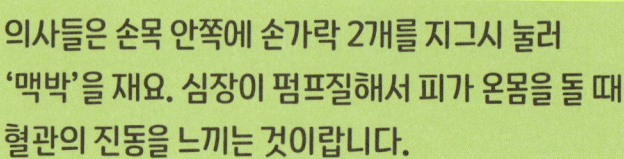

의사들은 손목 안쪽에 손가락 2개를 지그시 눌러 '맥박'을 재요. 심장이 펌프질해서 피가 온몸을 돌 때 혈관의 진동을 느끼는 것이랍니다.

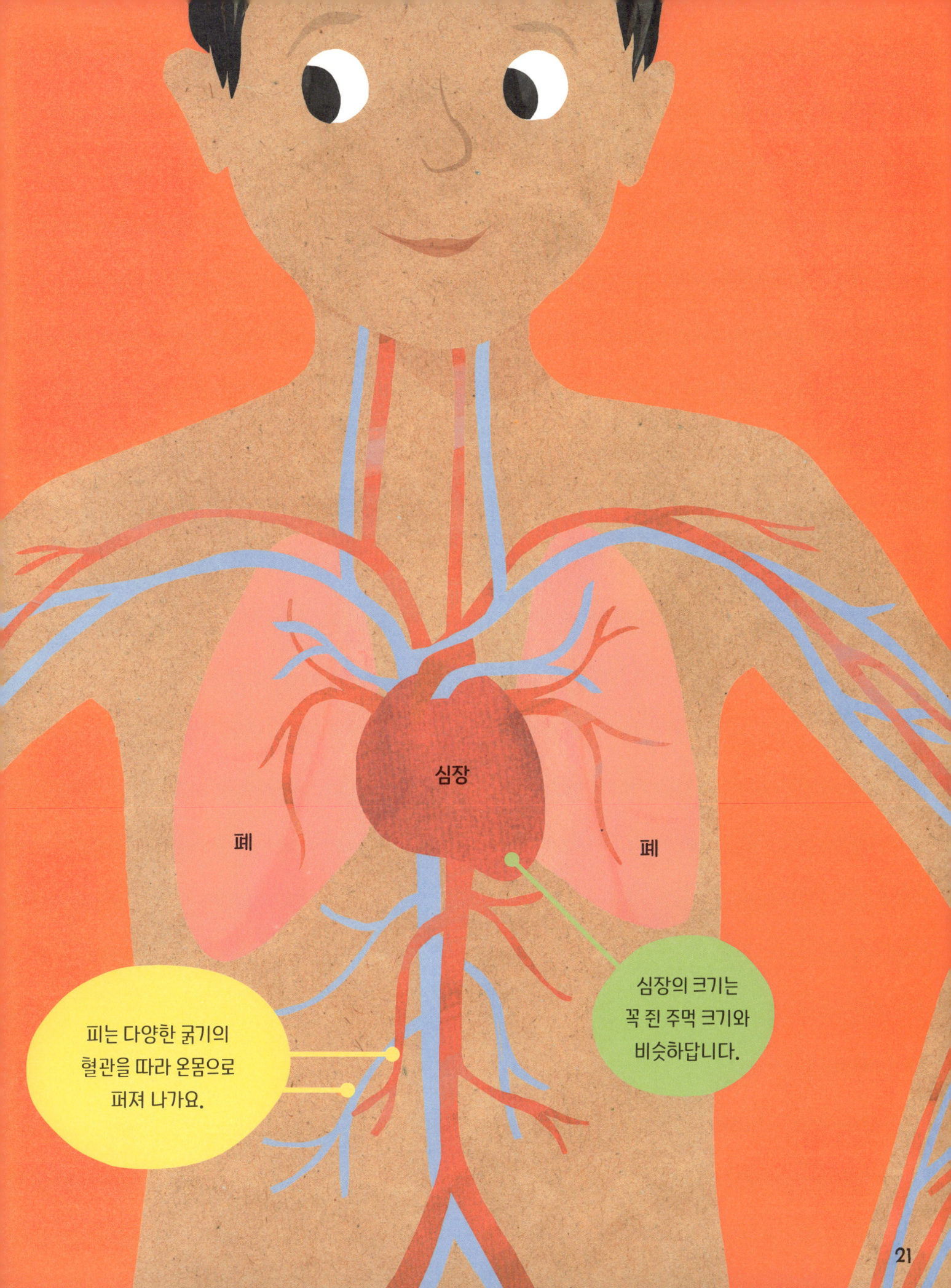

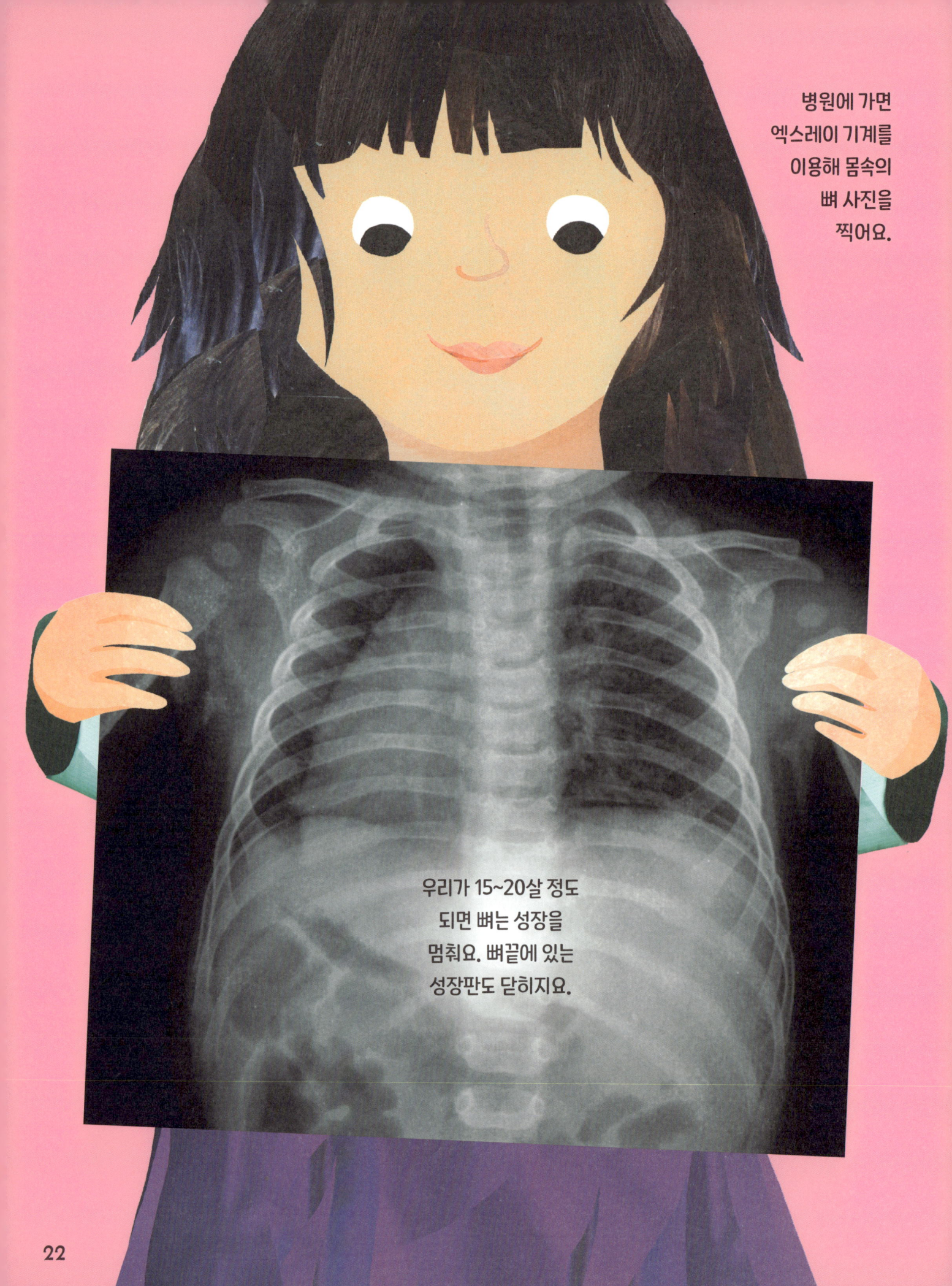

병원에 가면 엑스레이 기계를 이용해 몸속의 뼈 사진을 찍어요.

우리가 15~20살 정도 되면 뼈는 성장을 멈춰요. 뼈끝에 있는 성장판도 닫히지요.

뼈는 어떻게 자랄까?

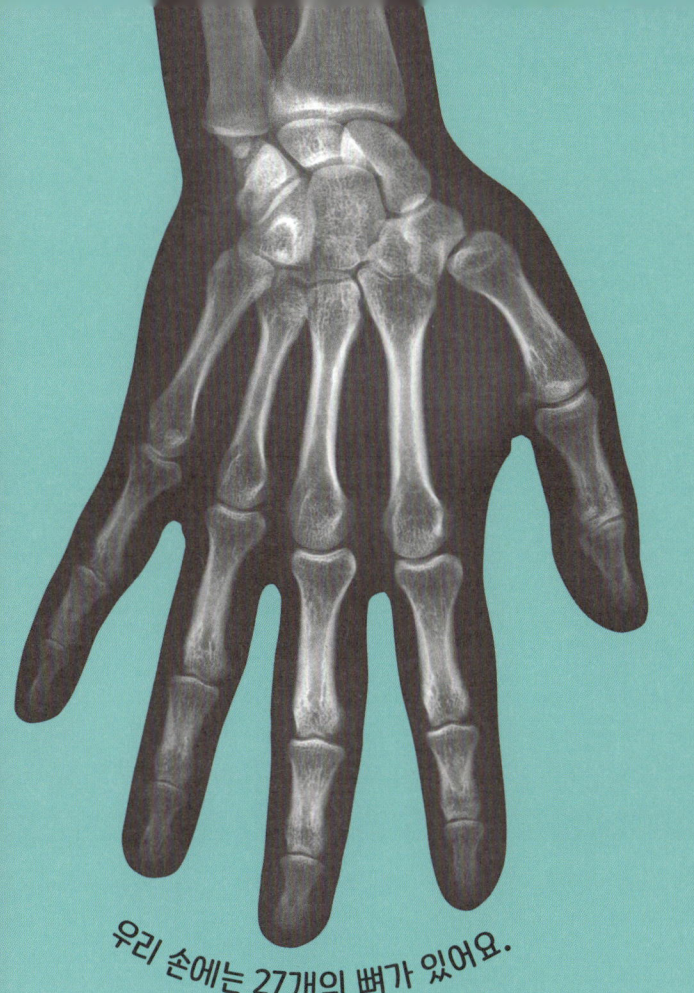

우리 손에는 27개의 뼈가 있어요.

뼈를 이루고 있는 성분 때문에 우리 뼈는 돌덩어리처럼 단단해요. 하지만 자라고 있는 뼈의 끝에는 부드러운 '성장판'이 있어요. 성장판은 우리 코의 끝부분처럼 말랑말랑한 고무 같은 연골 조직으로 되어 있어요. 하지만 시간이 지나면 성장판은 조금씩 단단해지면서 기다랗고 커다란 뼈로 바뀌어요. 뼈가 길고 커질수록 우리는 더 키가 크고 튼튼한 어른이 된답니다.

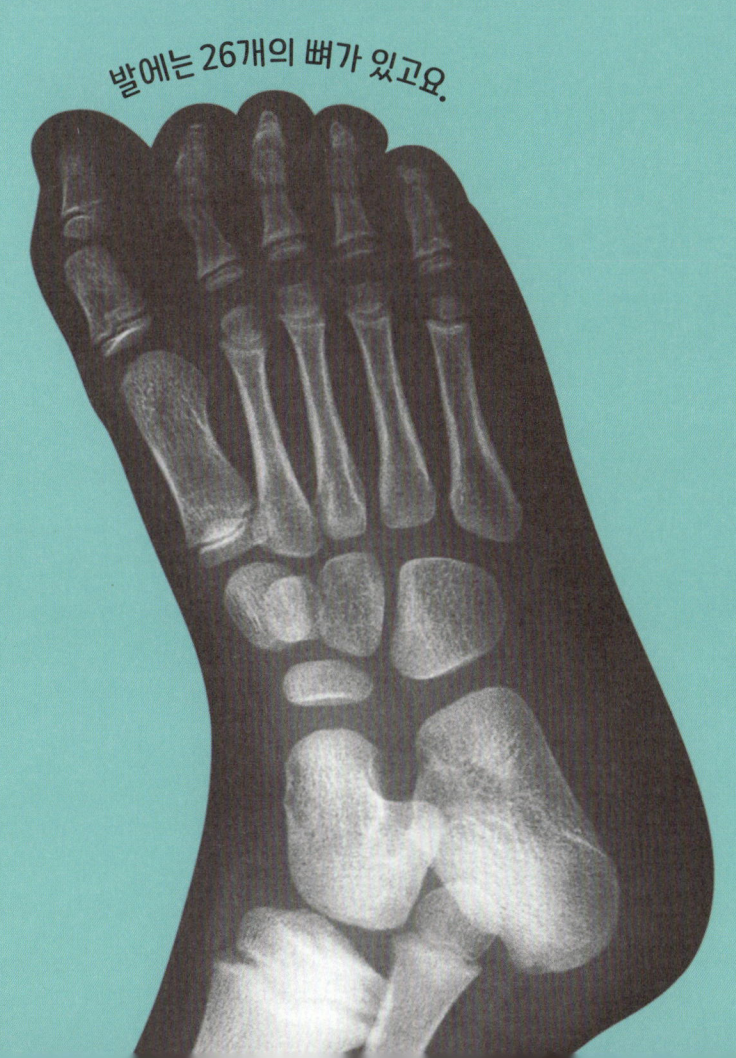

발에는 26개의 뼈가 있고요.

놀라운 사실

갓난아기의 뼈는 약 300개가 넘어요. 하지만 다 자란 어른은 206개뿐이에요. 자라면서 여러 개의 뼈가 서로 합쳐지기 때문이에요.

뼈의 바깥쪽은 단단하고 무겁지만, 안쪽은 스펀지 같아요. 그 덕분에 뼈는 튼튼하면서도 가볍죠.

궁금해! 누가 좀 알려 줘

사람의 몸에는 근육이 몇 개나 있을까?

600개가 넘어!

전 세계 인구는 얼마나 될까?

약 80억 명이나 있대!

와삭, 와삭!

사과를 한 입 깨물어 씹는 데는 5~30초 정도 걸려요.

꿀꺽!

우적우적 씹어 삼킨 사과가 식도를 따라 위까지 내려가는 데는 1~8초 정도 걸리죠.

위에서 사과를 휘휘 저어 걸쭉한 죽처럼 만드는 데 3~4시간이 걸린답니다.

꾸르륵!

죽처럼 된 사과는 3~4시간에 걸쳐 아주 기다란 소장을 지나가요.

소장은 마치 뱀이 똬리를 튼 것처럼 배안에 돌돌 감겨 있어요. 소장을 쫙 편다면 길이가 기린 2마리의 키를 합친 정도가 돼요!

그다음 대장에서 12~48시간을 보내고 나면, 우리 몸에 필요 없는 찌꺼기가 똥이 되어 엉덩이 사이로 퐁당 빠져나와요.

퐁당!

음식이 똥이 되려면 얼마나 걸릴까?

음식이 우리 입으로 들어가서 똥으로 나오기까지는 약 1~3일이 걸려요. 그 긴 시간 동안 몸 안에서 아주 많은 일이 벌어지죠. 우리가 음식물을 꼭꼭 씹어 꿀꺽 삼키면 몸 안의 미끌미끌한 관을 따라 여행이 시작되어요. 여행하는 동안 음식물은 으깨지고 짓이겨져 점점 작은 조각이 되죠. 이 조각들이 아주아주 작아지면 우리 몸은 필요한 영양소를 모두 흡수해요. 그런 다음 찌꺼기를 꽉 눌러 똥으로 만들어 엉덩이 밖으로 내보낸답니다.

퐁당!

놀라운 사실

영국 요크에 있는 '요르빅 바이킹 센터'에는 바이킹 전사의 똥 화석이 전시되어 있어요. 길이가 20센티미터나 되는 엄청난 크기랍니다.

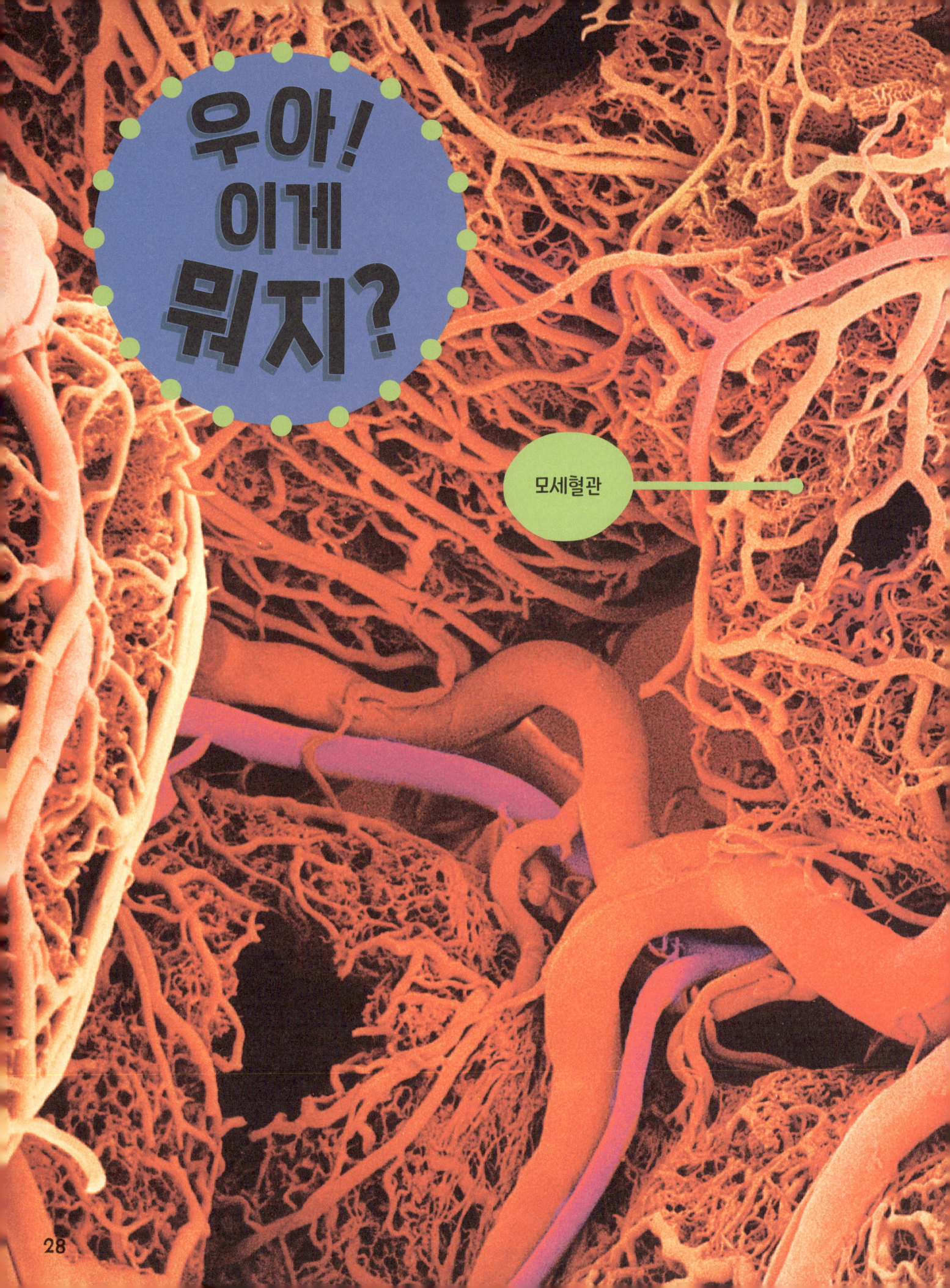

동맥

정맥

혈관을 자세히 들여다본 모습이에요! 속이 비어 있는 혈관은 우리 몸 곳곳으로 피가 이동하는 통로예요. 혈관은 '동맥', '정맥', '모세혈관'으로 나뉘는데, 동맥은 심장에서 나온 피를 온몸으로 보내는 혈관이고, 정맥은 몸 전체를 돌아다닌 피를 다시 심장으로 보내는 혈관이에요. 모세혈관은 동맥과 정맥을 이어 주는 아주 가느다란 혈관이랍니다.

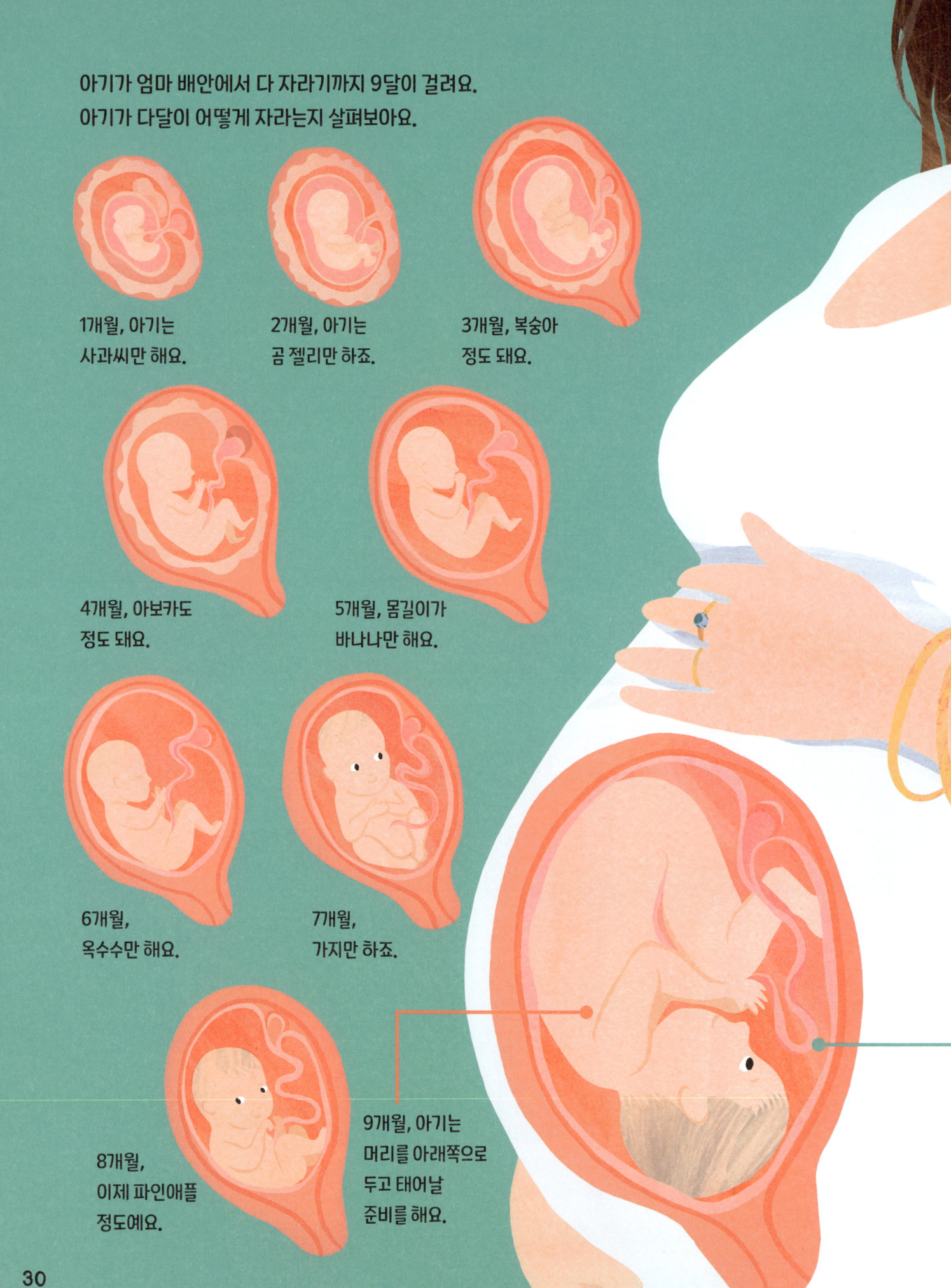

아기는 어떻게 태어날까?

믿기 힘들겠지만, 맨 처음 아기가 생겨날 때 아기의 크기는 여기 있는 이 점만 해요. → •
이 작은 세포 덩어리는 엄마 배안에 있는 '자궁' 속에 파묻혀 있다가 점점 아기의 모습으로 자라나요. 한 달이 지나면 아기는 사과씨만 해지고 심장이 뛰기 시작해요. 5개월이 되면 바나나 정도의 크기로 자라고 소리도 들을 수 있게 되지요. 그리고 7개월이 되면 가지만큼 자라서는 축구 선수처럼 엄마 배를 쿵쿵 찬답니다. 9개월이 되면 아기는 수박만 해지고 뇌, 심장, 폐, 위 등 모든 장기가 완성되어요. 이제 태어날 준비가 끝났어요!

엄마와 아기는 '탯줄'이라는 관으로 연결되어 있어요. 탯줄을 통해 엄마의 영양분이 아기에게 흘러가고, 아기의 노폐물도 빠져나간답니다.

놀라운 사실
전 세계에서 아기는 1초에 4명 정도씩 태어나요.

운동은 어떻게 우리를 건강하게 할까?

헉헉! 운동을 하면 무척 힘들어요. 하지만 운동을 할수록 심장은 점점 튼튼해지고 폐는 더 많은 공기를 들이마시게 되지요. 근육도 커져서 우리는 더욱 운동을 잘하게 돼요. 또 운동을 하면 팔꿈치나 무릎 같은 관절도 유연해져서 몸을 더 탄력 있게 움직일 수 있어요. 하지만 운동을 했을 때 가장 좋은 건 따로 있어요. 바로 운동은 우리 뇌에 좋은 영향을 주고 기분이 무척 좋아지게 한다는 것이죠. 그러니 조금이라도 운동을 해야겠죠? 자, 이제 움직여 볼까요?

놀라운 사실

운동을 열심히 하면 근육에 작은 상처가 생겨요. 하지만 걱정할 필요 없어요. 우리 몸이 상처를 낫게 하는 과정에서 근육이 더 강하게 자라니까요.

달리고, 점프하고, 들어 올리고, 던지고, 자전거를 타고, 수영하고, 춤을 춰 봐요! 우리가 어떤 운동을 하든, 규칙적으로 숨이 차게 움직이면 몸이 튼튼해져요.

놀라운 사실

재채기를 할 때 입에서 튀어 나가는 침방울의 속도는 시속 161킬로미터나 된대요! 고속도로를 달리는 자동차보다 더 빠른 속도예요.

기침이나 재채기는 이물질이 호흡기로 들어왔을 때 그것을 몸 밖으로 내보내려고 우리 몸이 반응하는 것이에요.

기침이나 재채기를 할 때마다 엄청나게 많은 세균과 바이러스가 공기 중으로 뿜어져 나와요.

그러니 꼭 입을 가리고 해야겠죠?

감기는 어떻게 걸리는 걸까?

콜록콜록! 우리가 감기에 걸리는 이유는 '바이러스'라는 작은 세균이 몸 안으로 들어와 우리를 아프게 하기 때문이에요. 감기 바이러스가 묻어 있는 문손잡이나 연필, 장난감 등을 만진 손으로 다시 우리 눈이나 코, 입을 만지면 바이러스가 옮는답니다. 에취! 감기에 걸린 사람이 기침이나 재채기를 하면 바이러스가 순식간에 공중으로 퍼져요. 바이러스가 떠다니는 공기를 우리가 들이마셔서 감기에 걸리기도 한답니다.

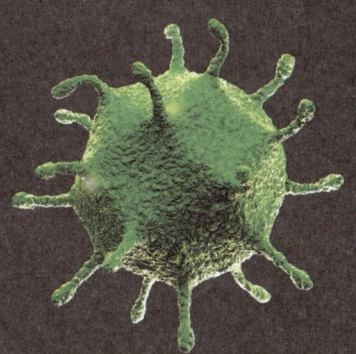

감기 바이러스를 현미경으로 보면 이렇게 생겼어요.

코딱지는 어떻게 만들어질까?

콧속은 투명하고 끈적거리는 점액인 콧물로 덮여 있어요. 우리가 숨을 들이마시면 먼지나 흙, 병균처럼 몸에 좋지 않은 작은 이물질들도 콧속으로 함께 들어오게 돼요. 이때 콧물은 이물질들이 더 이상 몸 안으로 들어가지 못하게 붙잡아 가두어요. 그러면 우리 몸은 이물질과 뒤섞인 콧물을 몸 밖으로 내보내려고 콧구멍 쪽으로 밀어 내지요. 이 과정에서 콧물이 말라붙으면서 부들거리고 끈적이는 덩어리가 되는데 이게 바로 '코딱지'랍니다.

휴지에 코를 풀어서 코딱지를 청소해요.

흥!

놀라운 사실

코딱지는 대부분 초록색이나 갈색이지만, 분홍색을 띠기도 해요. 엉겨 붙은 이물질에 따라 색이 달라지지요.

딱지는 딱딱하고 까슬까슬해요.
그리고 상처가 다 나을 때까지는
가렵기도 해요.

상처는 어떻게 낫는 걸까?

우리가 넘어지거나 베이면 상처에서 피가 나요. 만약 피가 멈추지 않고 계속 흘러나온다면 정말 큰일이지요. 다행히 우리 몸은 놀라운 방법으로 피를 멈추게 해요. 피 안에는 피를 멈추게 하는 성분이 들어 있어서, 상처에 끈적끈적하게 엉겨 붙었다가 딱딱하게 굳어 '딱지'가 된답니다. 딱지는 상처가 모두 아물 때까지 피부를 보호해 주어요. 그리고 상처가 다 나으면 딱지는 저절로 떨어져요. 그러니 억지로 떼어 내지 말아요!

상처를 통해 해로운 병균이 우리 몸 안으로 들어올 수 있어요. 그래서 상처가 나면 깨끗하게 씻은 다음 소독약을 바르고 반창고를 붙이는 거예요. 이렇게 하면 병균이 들어오는 걸 막을 수 있답니다.

놀라운 사실

해삼이나 불가사리 같은 바다 동물은 몸의 일부가 잘려도 다시 자라난답니다!

우리는 어떻게 기억을 할까?

우리에게 일어나는 많은 일들은 뇌에 기억되어 쌓여요. 뇌는 누군가의 전화번호 같은, 오랫동안 기억할 필요가 없다고 판단한 것들을 '단기 기억'으로 저장해요. 이런 단기 기억들은 20~25초 정도만 남아 있고 한 번에 7개까지만 기억할 수 있답니다. 반면에 계속 간직해야 한다고 판단한 것들은 '장기 기억'으로 저장해 두지요. 친구의 이름이나 생일처럼 말이에요. 우리가 건강하게 살아 있는 동안 뇌는 수없이 많은 정보들을 기억으로 보관할 수 있어요. 우리는 과연 이 책의 내용을 얼마나 오랫동안 기억할 수 있을까요?

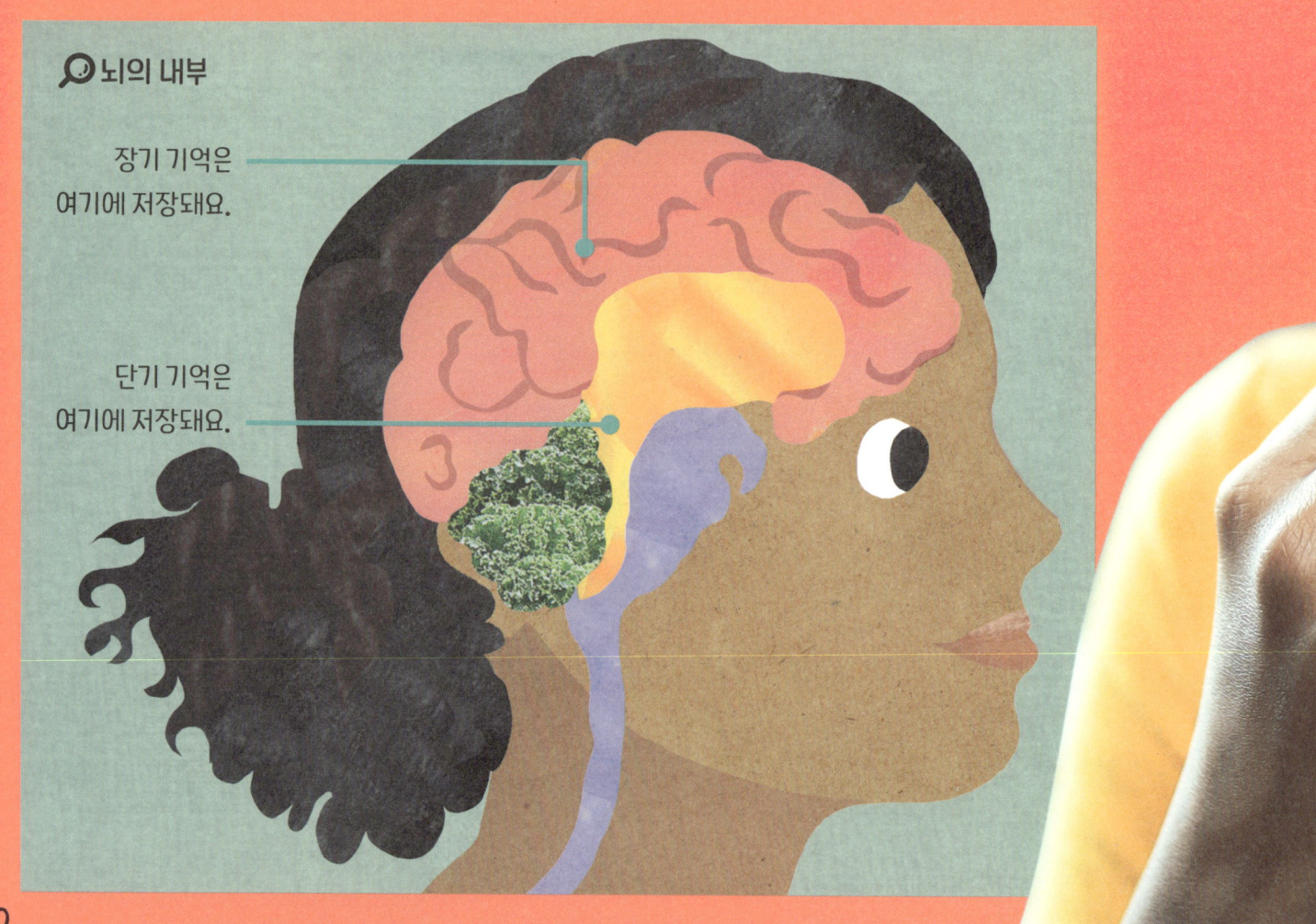

🔍 뇌의 내부

장기 기억은 여기에 저장돼요.

단기 기억은 여기에 저장돼요.

우리 뇌는 다양한 것들을 기억해요. 어떤 사실이나 숫자 같은 정보들뿐 아니라, 글을 읽거나 운동 경기를 하는 방법 등등 여러 가지 기술도 기억하죠.

놀라운 사실

뇌는 운율이나 리듬이 있는 것을 더 잘 기억해요. 우리가 노래를 쉽게 외워 부르는 것도 이런 이유 때문이랍니다.

우리는 어떻게 잠들까?

창밖이 어두워졌어요. 하암! 하품을 하고 나면 눈꺼풀이 스르르 감기기 시작해요. 뇌가 잘 준비를 하고 있는 거예요. 우리는 보통 잠자리에 누운 지 약 7분 만에 얕은 잠이 들어요. 잠이 얕게 들었을 때는 쉽게 잠에서 깰 수 있어요. 더 깊이 잠들면 호흡과 심장 박동이 느려져요. 체온이 내려가고 근육도 힘이 풀리지요. 이제 곤히 잠들었네요.

놀라운 사실

우리가 꿈나라에 가 있는 동안 뇌는 샤워를 하듯 깨끗하게 청소되어요. 뇌를 둘러싸고 있는 액체가 흘러가며 하루 동안 쌓인 노폐물을 씻어 준답니다.

궁금해! 누가 좀 알려 줘

심장은 1분 동안 몇 번이나 뛸까?

약 70~110번. 우리가 움직이면 더 많이 뛸 수도 있어!

우리는 얼마나 자주 눈을 깜빡일까?

약 3~4초에 한 번씩 깜빡여.

하루 동안 입안에서 만들어 내는 침은 얼마나 될까?

약 1리터 정도래!

날고 기는 벌레들

곤충은 어떻게 잠을 잘까?
우리 주변에 있는 작지만 놀라운
생명체에 관한 모든 궁금증!

벌들은 어떻게 윙윙 소리를 낼까?

벌은 날아다닐 때 날개를 무척 빠르게 움직여요. 파닥거리는 날개 때문에 주변 공기가 빠르게 진동하고, 이 공기의 진동이 우리 귀에는 '윙윙' 소리로 들리는 거예요. 그리고 벌은 날개가 아닌 몸을 흔들어 소리를 내기도 해요. 이렇게 해서 다른 벌들에게 맛있는 꿀이 있는 곳을 알려 주거나, 가까이에 적이 있으니 조심하라는 경고를 보낸답니다.

'뒤영벌'은 식물 안에 들어가서 윙윙대며 몸을 떨어요. 그러면 좋아하는 먹이인 꽃가루가 떨어져 나오죠.

놀라운 사실

새로 여왕벌이 된 꿀벌은 뿌뿌 경적을 울린답니다! 이제 다 같이 새로운 벌집으로 날아갈 준비가 되었다고 다른 벌들에게 알리는 소리예요.

놀라운 사실

'초파리'와 '꽃등에'는 헬리콥터처럼 날 수 있어요. 앞뒤로는 물론이고, 위아래로 오르락내리락하거나 옆으로 날기도 하지요. 공중에 둥둥 떠 제자리를 맴돌기도 해요!

'제왕나비'는 높이 날 뿐 아니라 아주 멀리까지 날아가요. 매년 북아메리카에서 멕시코까지 날아가 겨울잠을 자는데, 비행 거리가 약 4,000킬로미터나 된답니다.

곤충은 어떻게 높은 곳까지 날까?

우리 눈에 보이지 않는 아주 높은 곳에는 수많은 곤충들이 날아다니고 있어요. 곤충이 날아다니는 이유는 뭔가 필요한 것들을 찾기 위해서랍니다. 먹이나 새로운 집, 짝짓기 상대처럼요. 대부분의 곤충은 땅 위 100~800미터 사이를 날아요. 전 세계에서 가장 높은 빌딩 높이와 비슷하죠! 또 어떤 뒤영벌은 무려 5,500미터 높이에 있는 구름에서 발견된 적이 있답니다. 하지만 가장 높이 나는 곤충으로 1등은 '작은멋쟁이나비'예요. 이 나비는 6,100미터라는 아주 까마득한 높이까지 올라갈 수 있지요. 비행기가 날아다니는 높이와 거의 비슷하답니다!

곤충은 어떻게 잠을 잘까?

곤충은 아주 바쁘고 부지런해요. 그리고 우리와 마찬가지로 곤충도 피곤하면 쉬어야 해요. 하지만 곤충은 눈꺼풀이 없는데 어떻게 눈을 감고 잠을 잘 수 있을까요? 곤충은 우리처럼 눈을 감고 자는 게 아니라, 몸의 모든 기능을 천천히 늦춰 아주 조그만 인형처럼 꼼짝도 하지 않는 상태가 되어요. 마치 최면에 빠진 것처럼 말이에요. 꿀벌처럼 꽃잎이 닫히는 밤이면 잠드는 곤충도 있어요. 깨어 있어도 할 일이 없으니까요. 반면에 빈대처럼 낮에 자고 밤에 일어나는 곤충도 있지요. 잠들어 있는 다른 동물들의 피를 빨아 먹으러 다닌답니다. 아야!

놀라운 사실
벌은 오후가 되면 꽃 안에 들어가 웅크리고 낮잠을 자곤 해요.

무당벌레는 때때로
나뭇잎으로 몸을 감싸고 쉬어요.
점무늬 몸통 아래에 머리와 다리를 숨기채로요.

궁금해! 누가 좀 알려 줘

달팽이는 얼마나 천천히 기어갈까?

1시간에 45미터 정도!

세상에서 가장 힘센 곤충은 얼마나 힘이 셀까?

쇠똥구리는 자기 몸무게보다 1,000배 더 무거운 것도 움직일 수 있대.

꿀 한 방울을 만들기 위해 벌은 얼마나 많은 꽃을 돌아다녀야 할까?

약 1,500송이!

나비의 애벌레는 눈이 몇 개나 될까?

12개!

노래기는 다리가 몇 개나 될까?

다리가 무려 1,300개가 넘는 종류도 있대!

거미줄은 얼마나 튼튼할까?

굵기가 같다면 거미줄은 강철보다 5배나 더 질기대!

곤충은 몸이 가볍기 때문에 우리가 벽을 타고 오르는 것만큼 강하게 매달리지 않아도 된답니다.

곤충은 어떻게 벽을 기어다닐까?

벽을 기어다니는 곤충의 조그만 발을 아주아주 자세히 들여다보면 2개의 발톱과 수백 개의 뻣뻣한 털이 있는 것을 볼 수 있어요. 이 발톱과 털 덕분에 곤충은 붙잡는 힘이 무척 세답니다. 언뜻 보기에 벽면이 매끈해 보이지만, 사실은 작은 구멍이나 울퉁불퉁 튀어나온 곳들이 많아요. 곤충은 그곳에 발을 걸치고 몸을 밀어 올리며 위로 위로 올라간답니다!

놀라운 사실

발에 난 털에서 끈끈한 물질이 나오는 곤충도 있어요. 그래서 파리는 유리처럼 미끄러운 곳에도 딱 붙어 기어다닐 수 있답니다.

🔍 **바구미의 발을 확대한 모습**

바구미 발 아래에는 뻣뻣한 털과 발톱이 있어요. 그 덕분에 바구미는 벽을 타고 돌아다닐 수 있어요.

옆에서 본 모습

뻣뻣한 털 · 벽을 타는 2개의 발톱

거미는 어떻게 거미줄을 칠까?

대부분의 거미들은 거미줄을 쳐요. 거미의 항문 근처에는 '방적 돌기'라는 구멍이 있는데, 거미는 뒷다리를 이용해 이 구멍에서 거미줄을 뽑아내요.
어떤 거미는 하얀 천을 펼쳐 놓은 것 같은 거미줄을 치기도 해요.
또 오랫동안 청소하지 않은 곳에는 지저분하게 엉킨 거미줄이 생기지요.
여러 종류의 거미줄 가운데 가장 잘 알려진 것은 둥근 모양의 거미줄이에요.
마치 소용돌이 모양의 자전거 바큇살처럼 생겼답니다.

🔍 둥근 모양 거미줄을 만드는 순서

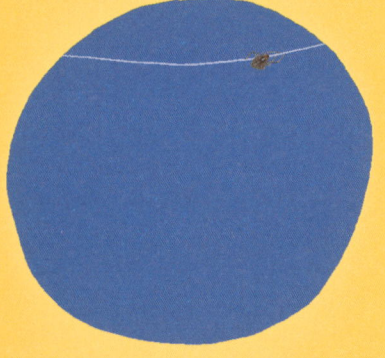

가장 먼저 거미는 튼튼하고 기다란 거미줄을 뽑아 2곳을 이어요. 마치 다리처럼 말이에요.

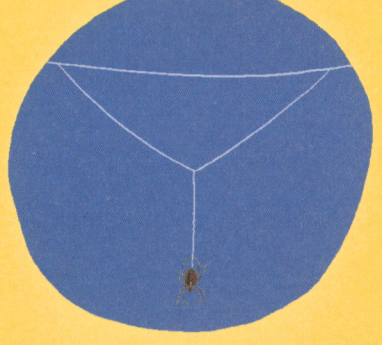

그 아래에 헐렁한 거미줄을 하나 더 뽑은 다음, 아래로 잡아당겨 Y 모양을 만들어요.

거미는 Y 모양의 모서리 3곳을 부지런히 연결해서 튼튼한 틀을 만들어요.

계속 거미줄을 뽑아 자전거 바큇살 같은 모양을 만들어요.

가운데부터 바깥쪽으로 빙글빙글 소용돌이 모양의 거미줄을 쳐요.

소용돌이 모양을 더 촘촘하게 만들고, 먹잇감이 걸리기를 기다려요!

놀라운 사실

둥근 모양으로 거미줄을 치는 거미들은 거미줄을 칠 때 전에 만들었던 거미줄을 먹어요. 이렇게 해서 거미줄 속의 영양분을 다시 사용해요.

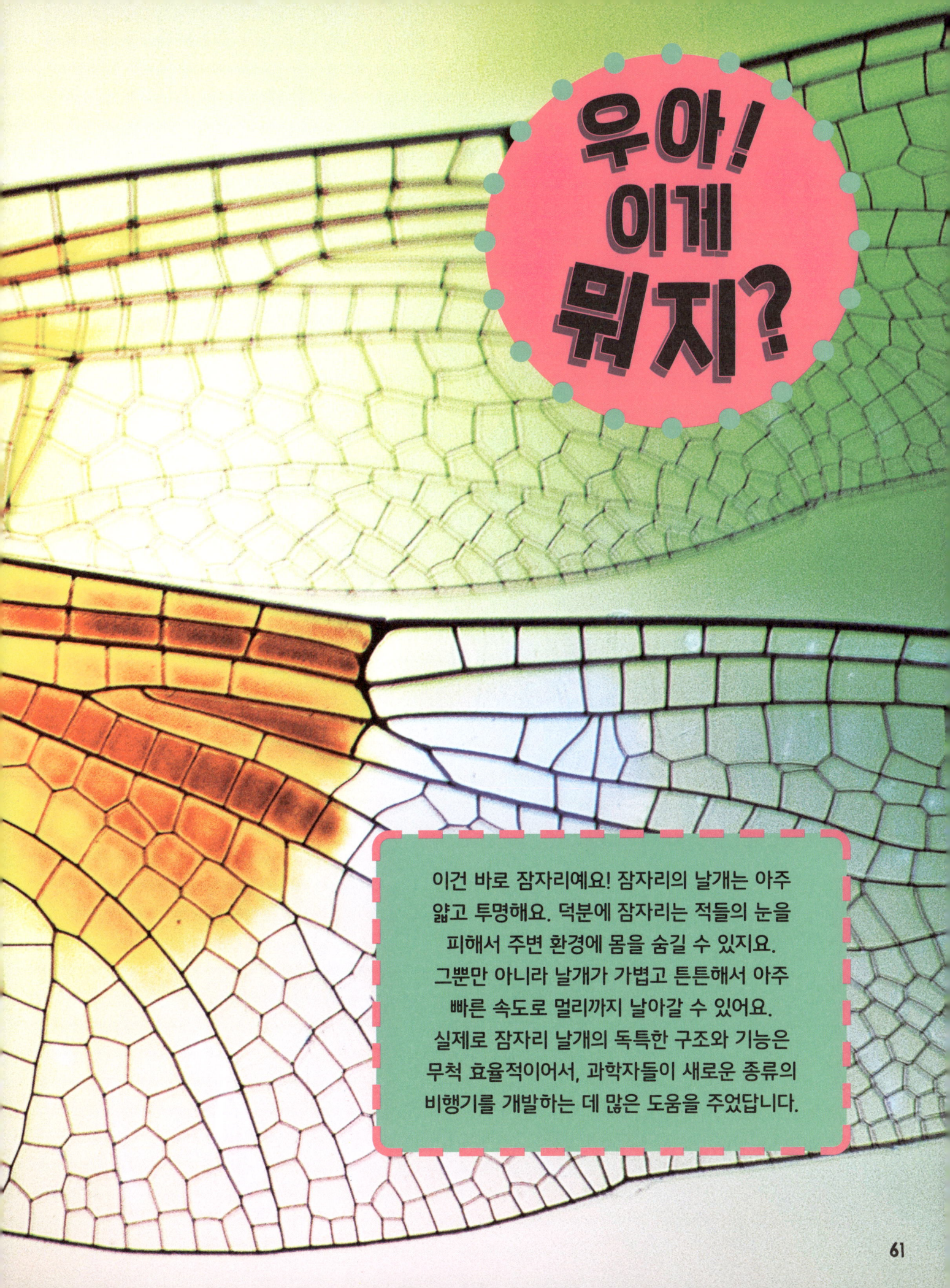

우아! 이게 뭐지?

이건 바로 잠자리예요! 잠자리의 날개는 아주 얇고 투명해요. 덕분에 잠자리는 적들의 눈을 피해서 주변 환경에 몸을 숨길 수 있지요. 그뿐만 아니라 날개가 가볍고 튼튼해서 아주 빠른 속도로 멀리까지 날아갈 수 있어요. 실제로 잠자리 날개의 독특한 구조와 기능은 무척 효율적이어서, 과학자들이 새로운 종류의 비행기를 개발하는 데 많은 도움을 주었답니다.

지렁이는 어떻게 땅속에서 방향을 알까?

날씨가 너무 덥거나 추워지면 지렁이는 흙을 파고 내려가요. 흙 속은 어둡고 축축해서 지렁이의 민감한 피부에 딱 맞지요. 그런데 지렁이는 눈이 없는데 어떻게 흙 속에서 위쪽과 아래쪽을 구분할 수 있을까요? 최근에 과학자들이 밝혀낸 바에 따르면, 지렁이의 뇌는 지구의 자기장을 느낄 수 있다고 해요. 지구는 마치 커다란 자석처럼 물체를 끌어당기고 밀어 내는 힘으로 둘러싸여 있는데, 지렁이는 이 자기장을 느껴서 위치와 방향을 알고 위와 아래를 구분할 수 있답니다. 꿈틀꿈틀!

지렁이는 눈이나 귀가 없어요. 하지만 그 대신 아주 민감한 피부로 빛과 열, 습기, 촉감을 느끼지요.

지렁이의 머리 부분에는 지구의 자기장을 느낄 수 있는 안테나 같은 것이 들어 있어요.

놀라운 사실

많은 동물들이 지구의 자기장을 이용해 가야 할 방향을 찾아요. 매년 수천 킬로미터를 이동하는 철새들도 그렇지요.

달팽이의 미끈거리는 몸은 무더운 날씨에 쉽게 말라요. 그래서 달팽이는 서늘하고 축축한 곳을 찾아 등껍데기 안으로 쏙 들어가 있죠.

달팽이의 내장은 모두 단단한 등껍데기 안에 들어가 있답니다.

심장

장

놀라운 사실

알에서 갓 깨어난 달팽이의 등껍데기는 아주 얇고 거의 투명해요. 달팽이가 자라면서 등껍데기도 더 크고 단단해진답니다.

달팽이의 몸은 여러 근육을 이용해 등껍데기 안쪽에 딱 붙어 있어요.

달팽이는 등껍데기 안에 어떻게 몸을 넣을까?

달팽이는 위험을 느끼거나 쉬고 싶을 때 집으로 들어가요. 바로 등에 지고 다니는 껍데기 안으로요. 우리가 주먹을 움켜쥐는 것처럼, 달팽이도 근육의 힘으로 머리와 발을 등껍데기 안으로 끌어당기지요. 우리 눈에 보이는 머리와 발은 달팽이의 일부분일 뿐이에요. 나머지 부분은 이미 안전하게 등껍데기 안에 숨겨져 있답니다. 달팽이가 몸을 쏙 말아서 등껍데기 안으로 들어가 버리면, 새들이 콕콕 쪼거나 날씨가 안 좋아도 안전하답니다.

폐와 호흡공

항문(달팽이 똥이 여기로 나와요!)

모이주머니

뇌신경절
(뇌 같은 기관)

달팽이는 앞을 더 잘 보기 위해서 눈이 달린 더듬이를 앞뒤로 움직여요.

눈

입

나비는 어떻게 먹이를 먹을까?

나비는 이빨이 없어요. 먹이를 씹을 필요가 없기 때문이에요. 대신 대롱처럼 생긴 기다란 주둥이를 이용해 여러 가지 액체를 빨아 먹어요. 평소 나비는 주둥이를 소용돌이 모양으로 돌돌 말고 있지만, 달콤한 꽃꿀을 빨아 먹을 때는 쭉 펴서 꽃 안으로 깊숙이 찔러 넣지요. 꿀뿐만이 아니라 나무나 과일의 즙, 진흙물, 심지어 동물의 배설물에 들어 있는 즙도 빨아 먹는답니다. 꼴깍꼴깍!

놀라운 사실
페루 아마존 열대 우림에 사는 나비는 거북이의 눈물을 마셔서 소금을 보충한답니다.

나비의 머리와
돌돌 말린 주둥이를
아주 커다랗게
확대한 모습이에요.

소금쟁이는 가늘고 긴
막대기 같은 6개의
다리로 물 위에 떠 있어요.

다리에 난 털이 물 위에
옴폭 들어간 자국을 만들어요.

2개의 뒷다리로 방향을 잡아요.

놀라운 사실
물 위를 걷는
곤충의 다리는 땅에서
걷기에는 아주
불편하답니다.

가운뎃다리로 노를 저어요.

2개의 앞다리로
작은 곤충을 붙잡아
움켜쥐어요.

곤충은 어떻게 물 위를 걸을까?

돌멩이를 연못에 던지면 어떻게 될까요? 퐁당! 물속에 가라앉아요. 돌멩이는 물보다 무겁기 때문이지요. 그런데 어떤 곤충들은 물보다 무거운데도 물속으로 가라앉기는커녕 물 위를 걸어 다닐 수 있어요. 어떻게 그럴 수 있을까요? 바로 곤충의 긴 다리와 다리에 난 수많은 털에 비밀이 숨어 있어요. 수많은 털이 공기를 가두어 곤충의 다리 주변에 보이지 않는 공기 방울을 만들어 주거든요. 그 덕분에 곤충은 마치 고무 오리 장난감처럼 물 위를 둥둥 떠다닐 수 있답니다. 뒷다리로 방향을 잡으면서 가운뎃다리로는 노를 젓듯이 앞으로 나아가며 움직여요. 그러고는 앞다리로 눈앞의 먹잇감을 콱! 붙잡지요.

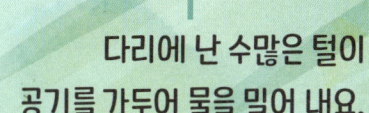

다리에 난 수많은 털이 공기를 가두어 물을 밀어 내요.

궁금해! 누가 좀 알려 줘

이 세상에는 딱정벌레가 몇 종류나 있을까?

알려진 것만 약 40만 종!

잠자리는 얼마나 오래전부터 지구에 살았을까?

약 3억 년 전부터래!

여왕벌은 하루에 알을 몇 개나 낳을까?

약 1,500개!

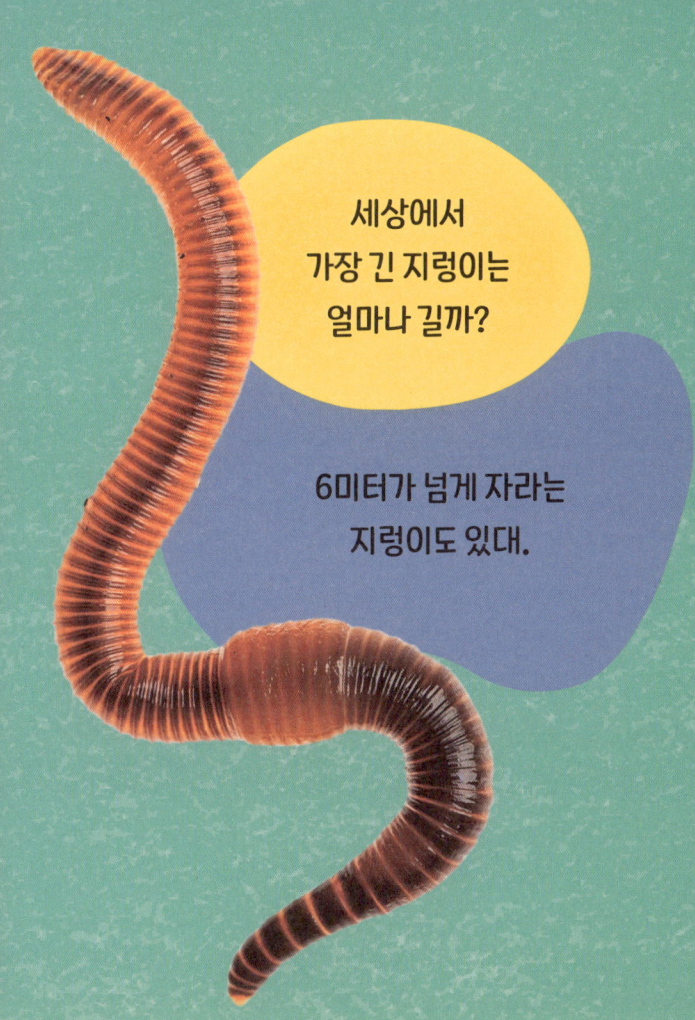

세상에서 가장 긴 지렁이는 얼마나 길까?

6미터가 넘게 자라는 지렁이도 있대.

달팽이는 이빨이 몇 개나 될까?

약 2만 개가 넘는 아주 작은 이빨이 있대.

벌은 날개를 1초에 몇 번이나 파닥일까?

최대 230번!

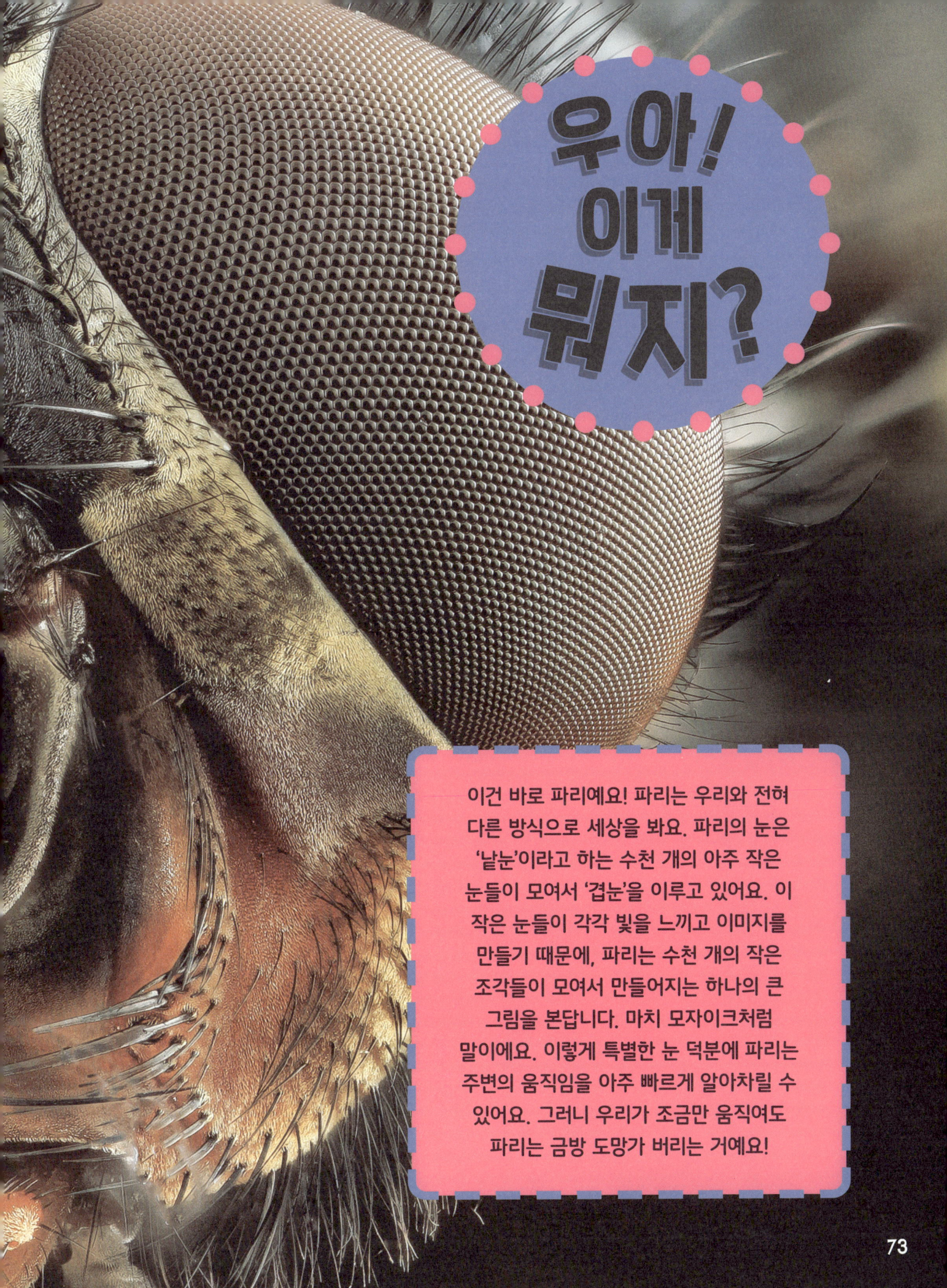

우아! 이게 뭐지?

이건 바로 파리예요! 파리는 우리와 전혀 다른 방식으로 세상을 봐요. 파리의 눈은 '낱눈'이라고 하는 수천 개의 아주 작은 눈들이 모여서 '겹눈'을 이루고 있어요. 이 작은 눈들이 각각 빛을 느끼고 이미지를 만들기 때문에, 파리는 수천 개의 작은 조각들이 모여서 만들어지는 하나의 큰 그림을 본답니다. 마치 모자이크처럼 말이에요. 이렇게 특별한 눈 덕분에 파리는 주변의 움직임을 아주 빠르게 알아차릴 수 있어요. 그러니 우리가 조금만 움직여도 파리는 금방 도망가 버리는 거예요!

꿀벌과 말벌은 어떻게 다를까?

언뜻 보면 꿀벌과 말벌은 비슷하게 생겼어요. 둘 다 노란색과 검은색 줄무늬가 있는 몸통에 날개가 달려 있으며, 엉덩이에는 침이 있지요. 하지만 자세히 살펴보면 둘은 무척 다르다는 걸 알 수 있어요. 꿀벌은 다리가 납작하고, 몸은 둥글고 통통해요. 몸 전체에 보송보송한 털이 많지요. 반면에 말벌은 다리가 둥글고 길며, 털이 거의 없는 몸통은 가늘고 매끈해요.

꿀벌의 더듬이는 짧고 굽어 있어요.

꿀벌은 몸에 난 털에 꽃가루를 묻혀서 옮겨요. 이 꽃가루로 꿀을 만들지요.

위에서 보면 꿀벌과 말벌은 이렇게 생겼어요.

꿀벌

말벌

말벌의 더듬이는 꿀벌보다 길어요.

말벌은 다른 동물의 살코기나 달콤한 먹이를 좋아해요. 그러니 소풍 가서 도시락을 꺼내면 말벌이 방해할 거예요!

놀라운 사실

꿀벌은 침을 한 번 쏘면 죽고 말아요. 하지만 말벌은 여러 번 침을 쏘아도 끄떡없답니다.

귀뚜라미는 어떻게 소리를 낼까?

수컷 귀뚜라미는 바이올린을 켜듯 앞날개를 비벼서 소리를 내요. 이 소리는 암컷을 유혹하는 사랑의 노래예요. 귀뚜라미의 날개 아래에는 '줄'이라는 오돌토돌한 돌기가 줄지어 있는 부분이 있어요. 그리고 날개 위쪽 가장자리에는 뾰족하게 튀어나온 '마찰편'이 있지요. 귀뚜라미가 두 날개를 포개어 문지르면 마찰편이 줄을 긁게 되어 독특한 소리가 난답니다. 찌르르! 찌르르!

놀라운 사실
날씨가 따뜻해지면 귀뚜라미는 더 빠른 소리로 울어요.

흰개미는 어떻게 높다란 집을 지을까?

짝짓기가 끝난 어린 흰개미 여왕과 흰개미 왕은 함께 땅속에 굴을 파서 조그만 흰개미 집을 만들어요. 이곳에서 흰개미 여왕은 아주 많은 수의 알을 낳지요. 알을 깨고 나온 개미들은 일개미가 되는데, 일개미들은 집을 짓는 중요한 일을 하게 되어요. 일개미들은 입에 축축한 흙을 머금고 침과 똥으로 반죽하여 작고 둥근 덩어리로 만들어요. 그리고 이 덩어리들을 땅 위에 차곡차곡 쌓아 올려 높은 탑을 만들지요. 흰개미 집이 완성되기까지 최대 5년이나 걸리기도 해요. 흰개미 집의 꼭대기에는 여러 개의 굴뚝이 있어요. 이 굴뚝을 통해 더운 공기는 밖으로 빠져나가고, 서늘한 바깥 공기가 안으로 들어와 땅속은 흰개미가 생활하기에 알맞은 온도로 유지된답니다.

흰개미 여왕은 다른 흰개미들보다 훨씬 커요.

일하는 흰개미

흰개미 왕

'가위개미'라고도 불리는 '잎꾼개미'는 날카로운 턱을 전기톱처럼 달달 떨어 나뭇잎을 잘라요.

과학자들은 지구에 개미가 얼마나 많은지 알아내려고 전 세계의 수많은 보고서를 조사했어요. 하지만 아직도 땅속에는 숨어 있는 개미들이 무척 많을 거라고 해요.

이 세상에는 개미가 몇 마리나 있을까?

과학자들은 지구에 살고 있는 개미들이 적어도 2경(20,000,000,000,000,000) 마리는 될 거라고 해요. 너무 많아서 상상도 할 수 없는 수예요. 전 세계에 있는 사람 1명당 약 250만 마리 정도의 개미를 가지고 있는 셈이니까요. 또, 지구에 있는 개미들을 한 줄로 세운다면 지구를 800만 바퀴나 돌 만큼의 길이가 된답니다. 정말 엄청나죠!

놀라운 사실

개미가 딱 질색이라면 남극으로 이사 가세요. 남극은 지구에서 개미가 단 한 마리도 없는 유일한 곳이에요. 겨울에는 기온이 영하 60도까지 떨어지지만요!

야생 동물

● ● ● ● ● ● ● ● ● ● ●

나무늘보는 얼마나 느릴까? 야생의 땅에서 살아가는 멋진 동물들에 관한 모든 궁금증!

해파리는 어떻게 독을 쏠까?

젤리처럼 흐물거리는 해파리는 날카로운 이빨도, 손톱도 없어요. 하지만 강력한 독 가시를 가졌답니다! 해파리의 갓 아래에는 '촉수'가 늘어져 있는데, 이곳에는 수천 개의 아주 작은 주머니들이 붙어 있어요. 각각의 주머니 안에는 조그만 화살 모양의 독 가시가 말려 들어가 있죠. 주변의 다른 동물이 해파리를 스치고 지나가면 주머니에서 독 가시가 튀어나와 동물의 몸을 쏘아요.

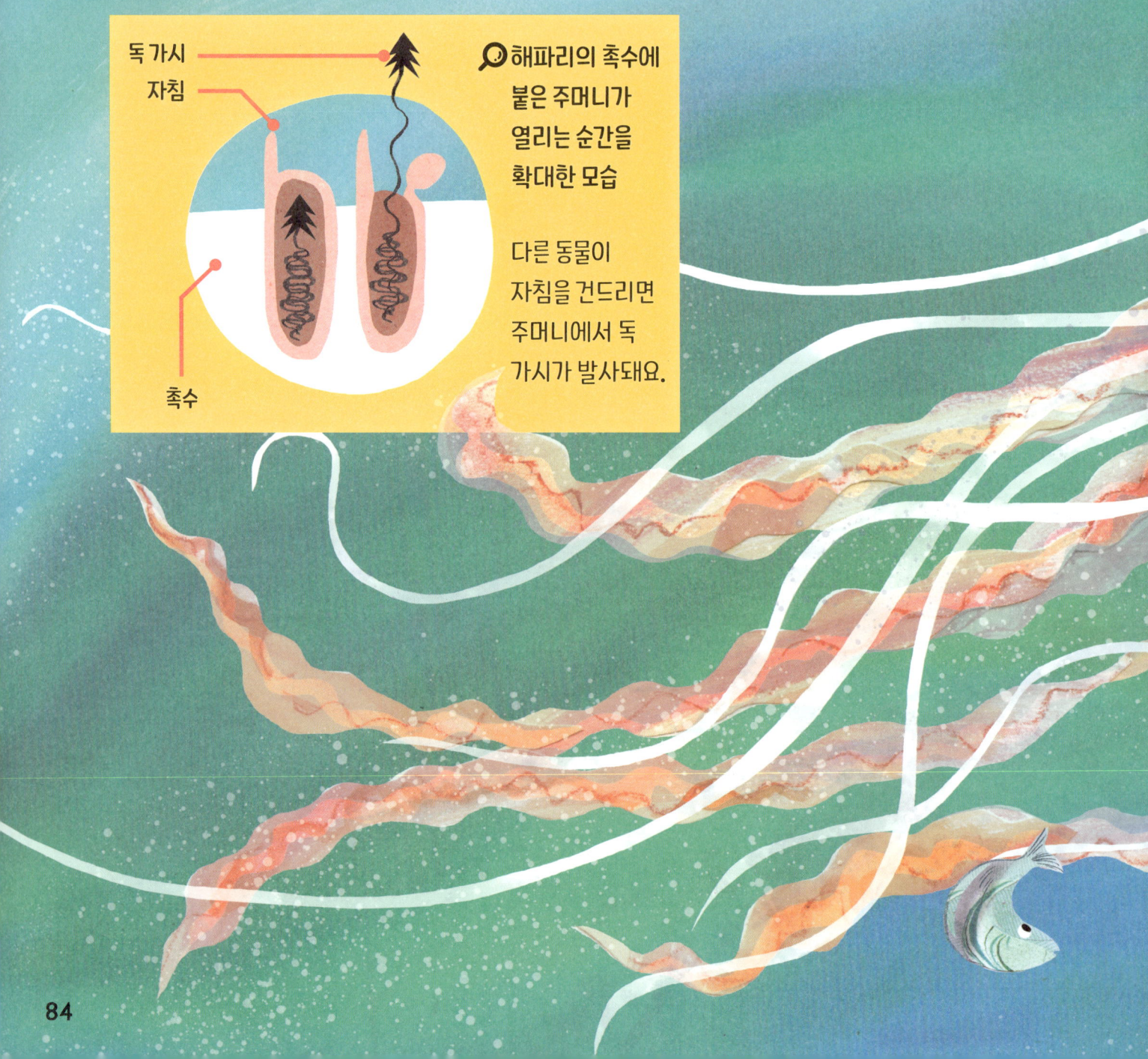

독가시
자침
촉수

🔍 해파리의 촉수에 붙은 주머니가 열리는 순간을 확대한 모습

다른 동물이 자침을 건드리면 주머니에서 독 가시가 발사돼요.

갓
촉수
입
구완

놀라운 사실
해파리는 입을 통해서 먹이를 먹기도 하고 똥을 누기도 해요.

찌릿!

해파리는 먹잇감을 찾아다니지 않아도 돼요. 가만히 기다리고 있으면 맛 좋은 새우나 작은 물고기가 우연히 해파리의 촉수에 걸려들거든요. 그러면 독 가시를 발사해 먹잇감을 기절시켜요. 그리고 해파리는 '구완'과 '촉수'로 잡은 먹잇감을 입으로 가져가요.

놀라운 사실

비버의 이빨은 주황색이랍니다! 비버는 철 성분이 들어 있는 아주 튼튼한 이빨을 톱처럼 사용해요.

비버는 어떻게 댐을 만드는 걸까?

비버는 몸집이 작지만 엄청나게 큰 댐을 만들 수 있어요! 어떻게 만들까요? 먼저 비버는 아주 튼튼한 이빨로 나무를 박박 갉아 쓰러뜨려요. 그런 다음, 강에서 폭이 가장 좁은 곳까지 끌고 가서 강 아래 진흙 바닥에 꾹 눌러놓고, 그 위에 차곡차곡 얼기설기 나뭇가지를 쌓아 올리며 댐을 만들지요. 돌멩이와 가느다란 나뭇가지, 진흙으로 댐을 더욱 튼튼하게 다져요. 댐이 완성되면 강물이 흐르지 못하고 고여 연못 같은 웅덩이가 생겨요. 그러면 딱 비버가 살기 좋은 환경이 되는 거예요!

비버는 댐을 만들어 생긴 연못 한가운데에 집을 지어요. 마치 자기를 잡아먹으려는 적들이 다가오지 못하도록 성 주위에 물웅덩이를 빙 둘러놓은 것 같지요. 물속에는 집에 드나들 수 있는 비밀 출입구도 있답니다!

뱀은 어떻게 이동할까?

뱀은 다리가 없으니 이동하기 힘들겠다고 생각하나요? 그렇지 않아요. 뱀은 간단한 방법으로 몸을 움직여 이동할 수 있거든요. 뱀의 등뼈는 약 400개고, 각 등뼈마다 한 쌍의 휘어진 갈비뼈가 붙어 있어요. 뱀은 갈비뼈에 붙은 억센 근육과 몸을 뒤덮은 비늘을 이용해 움직인답니다. 먼저 비늘로 몸의 한 부분을 땅에 바짝 붙여 고정시킨 후, 근육을 사용해 몸의 다른 부분을 앞으로 밀어 내며 나아가요. 모든 뱀이 똑같은 방법으로 움직이지는 않아요. 뱀의 종류와 사는 곳에 따라 이동하는 방법이 달라요. 뱀이 이동하는 4가지 방법을 알아보아요.

구불구불 움직이기 - 가장 흔하고 빠른 이동 방법이에요. 몸을 물결 모양으로 구부리고 지그재그로 흔들면서 앞으로 나아가지요. 이때 땅, 식물, 돌 등을 이용해 몸을 밀어 낸답니다.

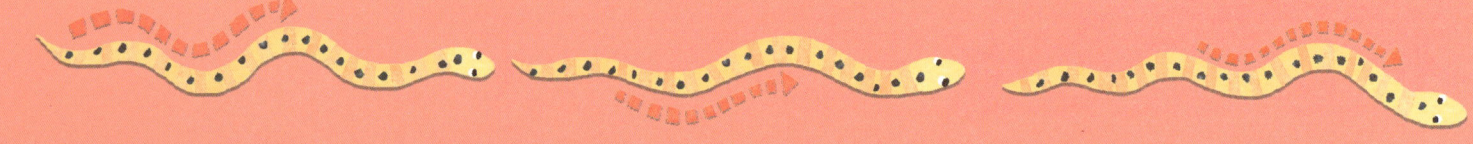

옆으로 움직이기 - 뜨거운 사막에서 몸이 모래에 가라앉지 않도록 이동하는 방법이에요. 머리와 목을 들어 올리고 몸을 물결 모양으로 구부리며 옆으로 비스듬히 나아가요.

아코디언처럼 움직이기 - 아코디언처럼 몸을 접었다 폈다 하면서 이동하는 방법이에요. 몸을 한껏 웅크렸다가 머리를 앞으로 쭉 내밀고 뒷부분을 당겨 나아가요.

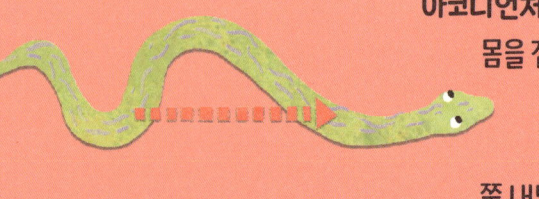

애벌레처럼 움직이기 - 주로 크고 무거운 뱀들은 몸을 일자로 펴고, 앞뒤로 꿈틀꿈틀 밀어 내면서 물결치듯이 이동해요.

놀라운 사실

하늘을 나는 뱀도 있답니다. 동남아시아 밀림에 사는 '크리코펠리아 파라디시'라는 뱀은 나무에서 나무로 몸을 던지듯 날아다녀요.

모든 뱀은 헤엄을 칠 수 있지만, 물속에서 생활하고 새끼를 낳는 건 '바다뱀'뿐이에요.

궁금해! 누가 좀 알려 줘

캥거루는 얼마나 멀리 점프할 수 있을까?

최대 9미터까지 뛸 수 있대!

상어는 이빨이 몇 개나 될까?

보통 50~300개 정도!

세상에서 가장 빠른 동물은 얼마나 빠를까?

송골매가 사냥하기 위해 물로 뛰어드는 속도는 최대 시속 300킬로미터나 된대!

세상에서 가장 키가 큰 동물은 얼마나 클까?

기린은 키가 최대 6미터야!

세상에서 가장 무거운 동물은 얼마나 무거울까?

대왕고래는 몸무게가 최대 190톤이나 된대!

세상에서 가장 나이 많은 육지 동물은 몇 살일까?

조너선이라는 코끼리거북은 2024년에 192살이 되었어!

놀라운 사실

과학자들에 따르면 돌고래가 내는 '딸깍' 소리는 '저기 군침 도는 물고기가 있어.' 또는 '저 상어 조심해!'라는 뜻을 가지고 있대요.

돌고래가 턱으로 다른 돌고래를 치면 '저리 가!'라는 뜻이에요.

돌고래들이 물방울을 뿜으면 재미있게 놀고 있는 거예요.

물고기를 잡으면 무척 기쁘고 흥분한 나머지 '끽끽' 소리를 내요. '만세!'라는 뜻이죠.

돌고래들은 어떻게 서로 이야기를 나눌까?

돌고래들은 바닷속 수다쟁이예요. '딸깍', '삑삑', '휘익', '끽끽' 등등 다양한 소리를 내며 서로 이야기를 나누거든요. 돌고래들은 그 밖에도 몸짓으로 서로 소통하기도 한답니다. 다른 돌고래를 턱으로 툭 치거나 물을 철썩 때리기도 하고, 물 위로 점프를 하고, 고개를 끄덕이고, 공기 방울을 뿜기도 하지요.

돌고래는 우리 귀에는 들리지 않는 '딱딱' 소리를 내어 주변을 살피고 먹잇감의 위치를 알아낼 수 있어요. 이것을 '반향정위'라고 해요.

꼬리와 가슴지느러미로 물을 철썩 때리면, 친구들에게 위험을 경고하거나 배가 고프다는 뜻이에요.

돌고래는 자기만의 독특한 휘파람 소리를 내서 서로를 알아볼 수 있어요.

나무늘보는 얼마나 느릴까?

'세발가락나무늘보'는 세상에서 가장 느린 동물이에요. 주로 남아메리카와 중앙아메리카에 살고 있는데, 긴 팔다리로 나무 꼭대기에 매달린 채 하루에 약 10시간 정도를 우적우적 나뭇잎을 씹거나 꾸벅꾸벅 졸면서 보내지요. 가끔 땅에 내려오면 1분에 2미터 정도 아주 천천히 몸을 질질 끌며 움직여요. 하지만 수영 실력만큼은 깜짝 놀랄 정도로 좋아서, 물에서 헤엄치는 속도가 땅에서 움직이는 속도보다 3배나 빠르답니다. 재미있는 건 세발가락나무늘보는 배에 찬 방귀 가스로 물 위를 둥둥 떠다닌다는 사실이에요. **뿡뿡!**

나무늘보는 적이 나타나면 빨리 달아날 수 없지만 잘 숨어 있어요. 나무늘보는 털 사이에 이끼가 자라서 몸이 초록색으로 보이거든요. 그래서 나무 위에서도 눈에 잘 띄지 않아요.

놀라운 사실

나무늘보는 장운동마저 느리답니다. 똥을 누는 것도 한참이 걸리지요! 나무늘보는 고작 일주일에 한 번 볼일을 보러 땅에 내려와요. 물론 아주 느릿느릿한 속도로요.

놀라운 사실

북극곰은 가끔 몸에 열이 지나치게 많아질 때가 있어요. 그러면 눈밭에 구르거나 바다에 뛰어들어 몸을 식혀요.

북극곰의 털은 흰색처럼 보이지만 사실은 투명하답니다.

발에도 털이 북슬북슬하게 많아서 따뜻해요.

북극곰은 어떻게 몸을 따뜻하게 할까?

북극처럼 덜덜 떨리는 추운 환경에서 살 수 있는 동물은 많지 않아요. 하지만 북극곰은 문제없어요! 북극곰의 피부 아래에 있는 두꺼운 지방층은 몸의 온기가 밖으로 빠져나가는 것을 막아 주고, 검은색 피부는 따뜻한 햇볕을 잘 흡수하지요. 뿐만 아니라 북극곰의 털은 2겹으로 되어 있어요. 짧고 보송보송한 털이 피부를 덮고 있고, 그 위로 왁스를 칠한 듯 뻣뻣하고 긴 털이 나 있어서 물기는 밖으로 내보내고, 온기는 유지해 주어요. 정말 멋지지 않나요?

- 긴 방수 털
- 짧은 솜털
- 검은 피부
- 지방층

길고 뻣뻣한 방수 털은 북극곰의 부드러운 피부를 보호해요.
마치 우리가 따뜻하고 부드러운 털옷 위에 비옷을 입은 것과 같답니다.

올챙이는 어떻게 개구리가 될까?

올챙이가 젤리 같은 개구리알에서 막 나오면 엄마 개구리와 전혀 닮지 않았어요. 마치 커다란 머리에 꼬물거리는 꼬리가 달린 듯한 모습이지요. 태어난 지 얼마 안 된 올챙이는 물속에서 아가미로 숨을 쉬며 살아요. 약 4주 동안 이끼나 미생물 등을 먹으며 자라는데, 이 기간 동안 조금씩 폐가 발달하고 작은 이빨이 돋아나요. 그리고 얼마 지나지 않아 뒷다리가 자라기 시작해요. 이때부터 올챙이는 작은 곤충을 잡아먹는데, 먹을 것이 부족하면 다른 올챙이를 잡아먹기도 한답니다. 몇 주가 더 지나면 앞다리가 자라면서 점점 더 엄마 개구리를 닮아 가요. 폐가 완전히 발달하여 올챙이 시절의 아가미가 사라지면 물 밖에서도 숨을 쉴 수 있어요. 마지막으로 꼬리가 점차 작아지다가 아예 없어지면 완벽한 개구리가 되지요. 이제 육지에서 폴짝폴짝 뛰어다닐 수 있답니다. 개굴개굴!

이건 바로 카멜레온의 눈이랍니다! 다른 동물들과는 달리 카멜레온은 거의 모든 방향을 볼 수 있어요. 머리 안쪽에서 눈이 빙글빙글 회전하기 때문에 앞쪽과 뒤쪽을 모두 볼 수 있는 것이지요. 뿐만 아니라 양쪽 눈이 따로따로 움직여서 서로 다른 두 방향을 동시에 보는 것도 가능하답니다. 이런 능력 덕분에 카멜레온은 먹잇감이나 적이 어느 쪽에서 다가오더라도 쉽게 알아챌 수 있어요. 마치 감시 카메라처럼 말이에요.

우아! 이게 뭐지?

박쥐는 어떻게 어두운 곳에서 앞을 볼까?

박쥐는 깜깜한 동굴 속에서도 장애물을 피해 날아다니거나 먹잇감을 찾을 수 있어요. 아주 민감하고 특별한 귀를 가진 덕분이지요. 박쥐는 눈으로도 볼 수 있지만, 귀를 이용해 앞에 무엇이 있는지 알 수 있답니다. 박쥐는 날아다니면서 아주 높은 소리를 내는데, 그 소리는 공기를 통해 나아가다 물체에 부딪치면 메아리처럼 박쥐에게 되돌아오지요. 박쥐는 그 소리를 듣고 물체가 얼마나 크고, 얼마나 멀리 있는지 알아낸답니다. 운이 좋다면 그 물체는 맛있는 나방일 수도 있지요. 냠냠!

놀라운 사실

박쥐는 엄지손가락이 있어요. 날개 위쪽 가장자리 중간에 작은 갈고리처럼 튀어나와 있지요. 어딘가에 매달릴 때 무척 편리해요.

박쥐가 내는 아주 높은 소리는 날아가는 나방의 몸에 맞은 뒤 메아리처럼 다시 돌아와요. 박쥐는 돌아오는 소리를 듣고 나방의 위치를 정확하게 알 수 있어요. 돌고래와 마찬가지로 '반향정위'를 사용하는 거예요.

두더지의 몸은 물고기처럼 둥글고 길쭉해요. 그리고 털은 벨벳처럼 매끄러워서 흙에서도 헤엄치듯 쉽게 움직일 수 있답니다.

놀라운 사실

두더지들은 가끔 비좁은 곳에서 방향을 바꿀 때 공중제비를 돌기도 해요.

두더지가 땅굴을 파면 토양이 건강해져요. 흙 속 깊숙한 곳까지 공기와 물이 통하게 되거든요.

두더지 침에는 독이 들어 있어요. 그래서 두더지에게 물린 지렁이나 곤충은 몸이 마비되지요. 두더지는 이렇게 기절한 먹잇감을 땅속에 저장했다가 나중에 먹곤 한답니다.

두더지는 어떻게 땅굴을 팔까?

두더지는 땅 파기 선수예요! 커다란 앞발과 날카로운 발톱은 마치 튼튼한 삽 같아요. 이 앞발로 흙을 파내고 치우며 땅굴을 만들지요. 그런데 두더지가 파낸 흙은 어디로 갈까요? 어느 정도 흙이 모이면 두더지는 잠깐 멈추고 몸을 땅굴 벽에 단단히 붙여요. 그러고는 모인 흙을 힘센 앞발로 땅 위로 밀어 올려요. 그러면 땅 위에 작은 흙더미가 생기는데, 이것을 '두더지 언덕'이라고 한답니다.

두더지는 땅을 파서 잠자는 방을 만들어요. 이 방에서 새끼를 낳기도 하죠.

상어는 어떻게 사냥할까?

상어는 시력과 청력이 놀라울 만큼 뛰어나서 사냥을 무척 잘해요. 뿌연 물속에서도 눈앞에 있는 것을 정확하게 보고, 수백 미터 떨어져 있는 먹잇감의 냄새나 소리도 알아차리지요. 여기서 끝이 아니에요! 상어의 피부 아래에는 특별한 감각 기관이 있어서, 숨어 있는 물고기의 심장 박동처럼 아주 작은 움직임도 예리하게 느낄 수 있답니다. 잡았다, 요놈!

이 구멍 안쪽은 젤리로 채워진 작은 자루예요. 그 끝에 아주 민감한 신경이 연결되어 있어요.

피부
신경

상어의 머리 부분에는 수백 개의 작은 구멍이 있어요. 다른 생물의 심장 박동이나 전기 신호를 느끼는 역할을 한답니다.

상어의 몸통 양쪽에는 길게 이어진 '옆줄'이 있어요. 물의 흐름과 생물의 움직임을 느끼는 기관이에요.

놀라운 사실
과학자들은 그동안 상어의 위장에서 여러 가지 신기한 것들을 발견했답니다. 그중에는 닭장도 있었고 갑옷 한 벌도 있었지요.

'백상아리'는 물 위로 튀어 올라 빠르게 움직이는 먹잇감을 낚아채기도 해요.

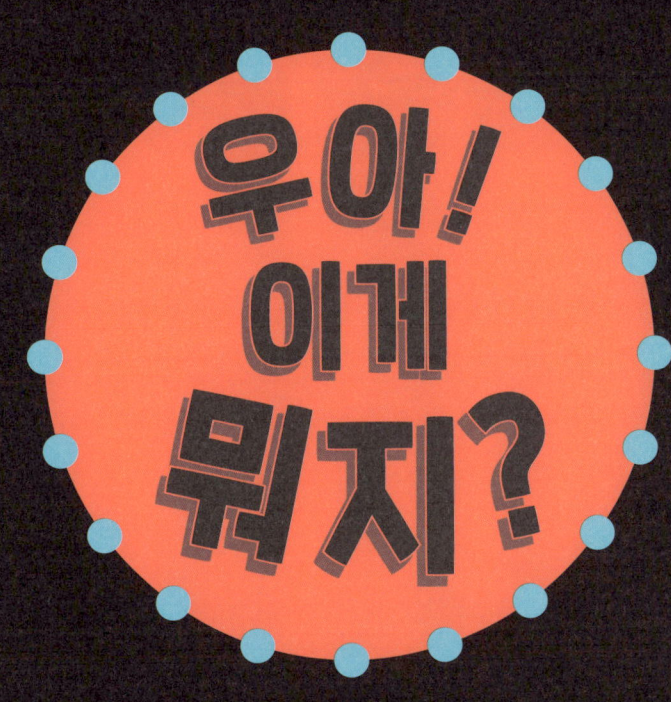
우아! 이게 뭐지?

이건 '무늬오징어' 또는 '흰오징어'라고도 불리는 '흰꼴뚜기'의 모습이에요. 몸 색깔을 바꿀 수 있는 아주 신기한 재주를 가지고 있어요! 흰꼴뚜기는 몸 색깔과 무늬를 바꾸면서 다른 흰꼴뚜기들과 서로 의사소통을 하지요. 이런 특별한 능력을 다양하게 사용하는데, 친구들에게 위험을 경고하거나 먹이가 있는 장소를 알려 주기도 해요. 또 짝짓기를 하기 위해서 상대에게 자기 모습을 뽐내기도 한답니다!

새들은 어떻게 하늘을 날까?

새들은 날개를 퍼덕거리며 하늘을 날아요. 힘이 센 큰 가슴근육으로 날개를 끌어 내렸다가 작은 가슴근육으로 날개를 다시 위로 올리지요. 이렇게 두 근육을 번갈아 사용하면 날개가 위아래로 움직이면서 몸이 하늘로 떠올라 앞으로 나아갈 수 있어요. 그뿐만이 아니에요. 새들의 뼈는 속이 비어 있어 몸이 가벼워요. 그리고 매끈하고 날렵한 모습을 하고 있어서 공기가 몸을 따라 잘 흐를 수 있지요. 그래서 새들은 하늘 높이 구름 위까지 날 수 있답니다. 휙휙!

놀라운 사실

펭귄은 날지 못하는 새예요. 대신 짧고 뭉툭한 날개는 헤엄치기에 좋지요.

다른 새들과 마찬가지로, 동남아시아에 사는 '큰코뿔새'도 긴 꼬리로 방향을 잡아요.

새의 종류와 하는 활동에 따라
날개의 모양과 크기가 달라요.

몸집이 작은 '오색방울새'는 가장자리가
둥글게 휘어진 짧은 날개를 가졌어요.
좁은 공간에서 이리저리 쏜살같이 날아요.

날개가 길고 끝이 뾰족한 오리나 매는
아주 빠르게 날 수 있어요.

'앨버트로스'는 날개가 길쭉하고 얇아요. 그래서
날개를 많이 움직이지 않고도 오랜 시간 동안
미끄러지듯 먼 거리를 날 수 있어요.

독수리 같은 덩치 큰 새들은 폭이 긴 날개를 쫙 펼쳐서
바람의 흐름을 타며 날아요. 그래서 날개를 퍼덕이지
않고도 날 수 있지요. 날개를 퍼덕일 때는 땅에서
날아오를 때 뿐이에요.

새의 부리는 사람의 턱이나
치아보다 훨씬 가벼워요.
또 새들은 뼛속이 비어 있어서
몸이 몹시 가볍죠.

궁금해! 누가 좀 알려 줘

티라노사우루스의 이빨은 길이가 얼마나 될까?

20~30센티미터!

코알라는 잠을 얼마나 잘까?

하루에 20시간 정도!

카멜레온의 혀는 길이가 얼마나 될까?

자기 몸보다 1.5~2배 정도 더 길대!

세상에서 가장 긴 뱀은 얼마나 길까?

'그물무늬비단뱀'은 몸길이가 최대 6~7미터까지 자란대!

올빼미는 얼마나 멀리까지 볼 수 있을까?

1.6킬로미터 이상!

물고기는 얼마나 깊은 곳까지 헤엄칠 수 있을까?

꼼치과의 '마리아나 스네일피쉬'는 깊이 약 8킬로미터 물속에서도 살 수 있대!

놀라운 사실

아기 아홀로틀은 배가 몹시 고프면 자기 형제의 몸을 콱 물어뜯어요. 하지만 걱정하지 않아도 괜찮아요. 아홀로틀은 몸의 일부가 잘려도 다시 자라나니까요!

아홀로틀은 현재 멕시코시티의 '소치밀코 호수'에서만 발견되어요. 과학자들에 따르면, 야생에서 살아가는 아홀로틀이 이제 1,000마리도 채 남지 않았대요.

아홀로틀은 어떻게 물속에서 숨을 쉴까?

귀여운 아홀로틀의 머리에 달린 깃털 같은 희한한 것들은 무엇일까요? 바로 아가미랍니다. 도롱뇽과의 양서류인 아홀로틀은 물고기처럼 물속에서 아가미로 숨을 쉬며 살아요. 그런데 다른 점이 있어요. 대부분의 물고기는 물속의 산소를 아가미에 밀어 넣으려고 계속해서 헤엄치지만 아홀로틀은 그럴 필요가 없어요. 그저 아가미를 살짝 흔들기만 해도 순식간에 물속의 산소를 빨아들일 수 있답니다.

팔락 팔락

아홀로틀의 아가미는 머리 바깥쪽에 달려서 팔락거려요.

아홀로틀의 몸 색깔은 금색, 초록색, 검은색, 분홍색으로 다양하죠.

물고기의 아가미는 머리 양옆에 숨겨져 있어요.

115

펭귄은 어떻게 서로를 구별할까?

펭귄들은 아주 여럿이 무리 지어 살아요. 어떤 무리에는 백만 쌍이 넘는 펭귄들이 둥지를 틀고 생활하기도 해요. 정말 엄청나게 많지요! 그러면 물고기를 사냥하고 돌아온 엄마, 아빠 펭귄은 이렇게 많은 펭귄들 가운데서 어떻게 자기 새끼나 짝을 찾을 수 있을까요? 정답은 울음소리예요. 펭귄들은 모두 비슷하게 생겼지만 자기만의 독특한 울음소리를 가지고 있어서 서로를 구별할 수 있답니다.

꽥!
꽥!

놀라운 사실

엄마, 아빠 펭귄은 자기 새끼의 울음소리를 구별할 수 있어요. 하지만 과학자들에 따르면, 새끼들은 엄마, 아빠의 울음소리를 알아듣지 못한다고 해요.

어떤 펭귄은 얼굴 생김새나 독특한 무늬를 보고 친구를 알아보기도 해요.

놀라운 사실

모든 공룡이 멸종한 건 아니에요. 과학자들은 오늘날의 새들이 하늘을 날았던 공룡들의 먼 친척이라고 해요. 소행성이 지구와 충돌할 때, 날아다니던 공룡들은 살아남아서 지금의 새가 되었대요.

공룡은 어떻게 멸종되었을까?

콰광! 지금으로부터 약 6,600만 년 전, 우주의 거대한 소행성이 지구와 충돌하면서 거의 모든 공룡이 멸종하고 말았어요. 이 무서운 일이 있기 전까지 공룡들은 무려 1억 6,500만 년 동안 지구 여기저기를 쿵쿵 마음껏 누비며 살았답니다. 그런데 오늘날 우리 인간들은 지구에서 산 지 겨우 20만 년밖에 되지 않았어요. 공룡이 지구에서 살았던 오랜 세월에 비하면 아주아주 짧은 시간이지요.

머나먼 옛날, 지구에 공룡이 살았던 때를 '중생대'라고 해요. 중생대는 공룡의 시대였어요!

낱말 풀이

갈고리 끝이 뾰족하고 휘어져 물건을 끌어당길 때 쓰는 도구.
감각 기관 눈, 코, 귀, 혀, 피부와 같이 바깥에서 오는 자극을 느끼는 기관.
경고 조심하라고 미리 알리는 말이나 신호.
경적 소리를 울려 주의를 주는 장치로, 주로 탈것에 설치함.
공중제비 두 손을 땅에 짚고 두 다리를 번쩍 들어서 반대 방향으로 뒤집는 재주.
관절 팔꿈치나 무릎처럼 뼈와 뼈가 연결되어 있는 부분.
구완 해파리의 입 주변에 있는 기다란 기관으로, 먹이를 입으로 전달함.
굽 말, 소, 양 등의 발끝에 있는 두껍고 단단한 발톱.
노폐물 몸에서 만들어지는 것들 중 필요 없어서 오줌, 똥 등에 섞여 몸 밖으로 버려지는 것.
대롱 속이 비어 있는 가늘고 긴 물건.
대장 몸에 흡수되고 남은 음식물 찌꺼기를 똥으로 만들어 내보내는 소화 기관.
댐 강이나 바닷물을 막아 두기 위해 쌓은 둑.
돌기 볼록 튀어나오거나 도드라진 부분.
마비 근육이나 신경의 감각이 없어지거나 힘을 잘 쓰지 못하게 되는 것.
멸종 한 종류의 생물이 영원히 사라지는 것.
모근 피부 안쪽에 있는 머리카락의 뿌리 부분.
모이주머니 먹은 것을 소화하기 쉽게 잠시 보관하는 주머니.
모자이크 여러 가지 색깔의 종이나 유리 등을 조각조각 붙여서 그림이나 무늬를 완성하는 것.
물체 어떤 모양을 가지고 있는, 눈에 보이는 모든 것.
미생물 박테리아, 바이러스처럼 눈에 보이지 않는 아주 작은 생물.
바이러스 스스로 살지 못하고, 다른 동물이나 식물의 몸에서만 살아가는 아주 작은 생명체.
바이킹 8~11세기 북유럽의 바다에서 배를 타고 다니며 활동했던 사람들.
바큇살 바퀴의 중심에서 바깥쪽으로 부챗살 모양으로 뻗친 가느다란 철사.
박동 심장이 규칙적으로 뛰는 것.
발사 활, 총, 로켓 등을 쏘아 올리는 것.
방수 물이 스며들거나 새지 않도록 막는 것.

벨벳 보드랍고 짧은 솜털이 촘촘하게 짜인 천.
보육실 어린아이들을 돌보고 기르는 곳.
부화 알에서 새끼가 껍데기를 깨고 밖으로 나오는 것.
분해하다 합쳐져 있는 커다란 것을 작은 부분으로 나누다.
비늘 물고기나 뱀의 몸을 덮고 있는 얇고 단단한 조각.
산소 맛이나 냄새, 색이 없는 물질로, 사람과 동식물이 살아가는 데 꼭 필요한 기체.
상 물체가 보여지는 모습이나 이미지.
성분 어떤 물질을 이루고 있는 재료나 부분.
성장판 뼈끝에 있으며, 뼈가 자랄 때 길이가 늘어나는 부분.
세균 병을 일으킬 수 있는, 눈에 보이지 않는 아주 작은 미생물.
세포 사람, 동물, 식물 등 모든 생명체를 이루는 가장 기본 단위.
소용돌이 물이나 공기가 빙글빙글 빠르게 도는 것.
소장 먹은 음식에서 영양분을 흡수하는 기다란 소화 기관.
소통 서로의 생각이나 뜻이 통하는 것.
소행성 태양 주위를 도는 무수히 많은 작은 천체.
수정체 동공 뒤에 있는 볼록 렌즈 모양의 투명한 부분으로, 가까운 것과 먼 것을 잘 볼 수 있게 초점을 맞춰 줌.
식도 입으로 들어온 음식을 위로 내려보내는 기관.
신경 감각 기관이 받아들인 정보를 뇌로 전달하는 기관.
아가미 물속에 사는 동물들이 숨을 쉴 때 쓰는 기관.
아코디언 손으로 주름을 접었다 폈다 하면서 건반과 버튼으로 연주하는 악기.
안테나 텔레비전, 라디오 등에서 눈에 보이지 않는 전파를 주고받는 장치.
액체 물, 우유 등과 같이 담는 그릇에 따라 모양이 변하는 것.
양서류 개구리, 두꺼비 등과 같이 물과 땅에서 모두 살 수 있는 동물.
얼기설기 가느다란 것이 이리저리 뒤섞여 얽힌 모습.
엑스레이 눈으로 볼 수 없는 물체의 안쪽이나 몸속의 뼈 등을 찍는 특수한 사진.
연골 뼈와 뼈 사이에 있는 부드럽고 탄력 있는 뼈.
열대 우림 1년 내내 덥고 비가 많이 내리는 지역의 우거진 숲.
예리하다 무언가를 알아차리는 데 매우 정확하고 빠르다.

왁스 자동차, 가구 등에 번쩍번쩍하게 광을 낼 때 쓰는 물질.

운율 말이나 글에서 규칙적인 반복을 통해 느껴지는 리듬.

유연하다 부드럽고 연하다.

유지하다 어떤 상태나 상황을 변함없이 그대로 지키다.

육지 강, 바다 등과 같이 물이 있는 곳이 아닌 땅.

이끼 축축하고 그늘진 곳의 바위나 나무에서 자라는 작은 식물.

이물질 원래 있어야 할 것이 아닌 비정상적인 물질.

이산화탄소 사람과 동물이 숨을 내쉴 때 몸 밖으로 나오는 기체.

입자 분자나 원자처럼 물질을 이루는 아주 작은 알갱이.

자궁 엄마의 배 속에 있는 기관으로, 아기가 태어날 때까지 자라는 곳.

자기장 자석의 힘이 미치는 공간.

자침 해파리의 촉수에 붙어 있는 작은 침.

점액 끈적끈적한 액체.

조직 같은 구조를 가진 세포들의 덩어리.

주둥이 동물의 코나 입 주변에 앞으로 길게 나온 부분.

지방층 피부 아래에 있는, 몸을 보호하고 에너지를 저장해 두는 지방으로 된 층.

진동 물체 등이 빠르게 흔들려 움직이는 것.

질색 몹시 싫어하거나 피하는 것.

철 은색을 띠는 단단한 금속.

철새 먹이를 구하거나 추위를 피하기 위해 계절에 따라 이동하는 새.

청력 다양한 소리를 듣고 구분하는 귀의 능력.

체온 동물이나 사람의 몸 온도.

촉수 해파리, 문어 등의 몸에 있는 돌기 또는 팔 같은 기관.

최면 잠이 든 것과 비슷한 편안한 상태.

케라틴 사람이나 동물의 머리카락, 손톱, 발톱, 뿔, 부리 등을 이루고 있는 단단한 단백질.

탄력 물체가 다시 원래의 모습으로 돌아가려는 힘.

토양 식물이 자랄 수 있는 영양분이 들어 있는 흙.

펌프질 압력을 이용해 액체나 기체를 빨아올리거나 움직이게 하는 일.

포유류 젖을 먹여 새끼를 키우는 동물로, 사람, 개, 호랑이 등이 모두 포유류에 속함.

표면 사물의 가장 바깥쪽 겉 부분.

현미경 너무 작아서 눈에 보이지 않는 물체를 확대해서 보여 주는 기구.

호흡공 달팽이, 곤충 등의 몸에 있는 숨구멍.

호흡기 사람이나 동물의 몸에서 숨을 쉬는 데 필요한 기관.

홍채 동공 주변에 있는 도넛 모양의 막으로, 눈으로 들어오는 빛의 양을 조절함.

효율적 적은 노력으로 좋은 결과를 얻는 것.

흡수 액체나 기체를 빨아들이는 것.

찾아보기

가슴지느러미 93
가시 84-85
가운뎃다리 68-69
갈고리 102
갈비뼈 17, 88
감각 기관 106
감기 35
개구리 98-99
개미 78, 80-81
거미 58-59
거미줄 55, 58-59
겹눈 73
경고 48, 76, 93, 109
고막 12
곰팡이 79
공기 12-17, 32, 34-35, 48, 69, 78, 102, 104, 110
공기 방울 69, 92-93
공룡 118-119
관절 32
구름 51, 110
구완 85
귀뚜라미 76-77
귀지 12
귓바퀴 12
근육 16, 18-19, 24, 32, 42, 64-65, 88, 110
기관 16-17, 65
기억 40-41
기침 34-35
깃털 9, 115
꽃등에 50
꿀 48, 54, 66, 74
꿀벌 49, 52, 74-75
나무늘보 82, 94-95
나비 50-51, 54, 66-67
날개 48, 61, 71, 74, 76-77, 102, 110-111
남극 81
낱눈 72-73
냄새 14-15, 106
노폐물 31, 42
뇌 10-15, 19, 31, 32, 40-41, 42, 62, 64
뇌신경절 65
눈 10-11, 12, 35, 44, 51, 52, 55, 61, 62, 65, 72-73, 95, 100, 102

눈꺼풀 42, 45, 52
달팽이관 12
대장 26
댐 87
더듬이 65, 74-75
도롱뇽 115
독 79, 84-85, 104
돌고래 92-93, 103
돌기 19, 77
동공 10-11
동맥 29
두더지 104-105
둥지 116
뒤영벌 48, 51
뒷다리 58, 68-69, 98
등껍데기 64-65
딱지 38-39
똥 15, 26-27, 65, 78-79, 85, 95
마찰편 76-77
말벌 74-75
망막 11
맥박 20
머리카락 6, 8-9
멸종 118-119
모근 9
모낭 8-9
모세혈관 28-29
모이주머니 65
모자이크 73
무당벌레 53
미뢰 18-19
바구미 57
바이러스 34-35
바이킹 27
박동 42, 106
박쥐 102-103
반향정위 93, 103
발톱 9, 57, 105
방귀 45, 94
방적 돌기 58
배설물 66
뱀 26, 88-89, 113
벌 48-49, 52, 54, 71
범고래 20
병균 36, 39
부리 9, 111
북극 97
북극곰 96-97
불가사리 39
비버 86-87

비행기 51, 61
빈대 52
빌딩 51
빛 11, 62, 73
뼈 12, 22-23, 110
산소 17, 20, 115
상어 90, 92, 106-107
상처 32, 38-39
새 65, 110-111, 118
성장판 22-23
세균 12, 34-35
세포 31
소금쟁이 68
소용돌이 58, 66
소장 26
소행성 118-119
속도 11, 25, 34, 61, 90, 94-95
수영 33, 94
수정체 11
숨 16-17, 33, 36, 98, 115
스펀지 16, 23
습기 62
시력 106
식도 26
신경 10-11, 12, 15, 106
신호 11, 12-13, 106
심장 16, 20-21, 29, 31, 32, 42, 44, 64, 106
아가미 98, 115
아기 23, 30-31, 114
아마존 66
아코디언 88
아홀로틀 114-115
안테나 62
알 64, 71, 78-79, 98-99
앞다리 68-69, 98
애벌레 55, 88
액체 12, 42, 66
앨버트로스 111
양서류 115
엑스레이 22

여왕벌 49, 71
연골층 23
연못 69, 87
영양 20-21, 27, 31, 59
옆줄 106
오색방울새 111
올챙이 98-99
외이도 12
운동 32-33, 41
울음소리 116-117
위 26, 31, 107
유두 18-19
유리체 10
이끼 95, 98
이물질 34, 36-37
이빨 66, 71, 84, 86-87, 90, 98, 112
이산화탄소 17
잎꾼개미 80
자궁 31
자기장 62-63
자석 62
자전거 33, 58
작은멋쟁이나비 51
잠 42, 50, 52, 105, 112
잠자리 61, 70
장운동 95
재채기 34-35, 45
적 48, 61, 87, 95, 99, 100
전기 20, 106
점액 36
정맥 29
정보 15, 19, 40-41
제왕나비 50
젤리 10, 30, 84, 98, 106
주둥이 66-67
주머니 79, 84
줄 76-77
중생대 119
지렁이 62, 71, 104
지방층 97
진동 12-13, 20, 48

짝짓기 51, 78, 109
찌꺼기 26-27
철새 63
청력 106
체온 42
초파리 50
촉감 62
촉수 84-85
최면 52
카멜레온 100, 113
케라틴 8-9
코 15, 16, 23, 35, 36
코딱지 36-37
콧구멍 14-15, 36
큰코뿔새 110
탯줄 31
털 12, 15, 57, 68-69, 74, 95, 96-97, 104
통로 12, 16, 29
파리 57, 73
펌프질 20
펭귄 110, 116-117
폐 16-17, 20-21, 31, 32, 65, 98
포유류 20
피 20-21, 29, 39
피부 8-9, 39, 62, 97, 106
하품 42
해삼 39
해파리 84-85
헬리콥터 50
혀 19, 113
현미경 35
혈관 20-21, 28-29
호흡 16-17, 34, 42, 65
홍채 10
화석 27
환경 61, 87, 97
횡격막 16-17
흰개미 78-79

이미지 출처

사진과 그림을 사용할 수 있도록 허락해 주신 모든 분들께 감사의 말씀을 전합니다. 최대한 이미지의 출처를 밝히고자 하였지만 혹여 있을지 모를 오류나 누락에 대해 양해를 부탁드리며, 다음번 인쇄 시 수정하도록 하겠습니다.

l = left; r = right; t = top; b = bottom; c = centre; u = upper

앞표지: PCN Photography/Alamy (Usain Bolt); Arseniy45/iStock.com (sharks); MirekKijewski/iStock.com (spider); Jake Pac, Axolotl Planet (axolotl); Utopia_88/iStock.com (dung beetle); HappyKids/iStock.com (kid)

차례: pp.4–5 t–b Michael Nichols; Alena Ozerova/Shutterstock; Martin Harvey/Getty Images; StefaNikolic/Getty Images

우리 몸: p. 7 Weekend Images Inc/iStock.com; pp. 8–9 Just dance/Shutterstock; pp. 10–11 Funwithfood/iStock.com; p. 11 DebbiSmirnoff/iStock.com; pp. 12–13 andy_Q/iStock.com; p. 14 andy_Q/iStock.com; p. 16 HappyKids/iStock.com; p. 17 vm/iStock.com; pp. 18–19 Nigel Downer/Science Photo Library; p. 22 oceandigital/iStock.com; p. 23 t Natallia Yaumenenka/Shutterstock; b MossStudio/Shutterstock; pp. 24–25 Dmytro Varavin/iStock.com; p. 24 PeopleImages/iStock.com; p. 25 t Fly View Productions/iStock.com; c Sorapop/iStock.com; b PCN Photography/Alamy; p. 27 Sergei Dolgov/iStock.com; pp. 28–29 Susumu Nishinaga/ Science Photo Library; p. 31 katrinaelena/iStock.com; p. 32 pixdeluxe/iStock.com; pp. 34–35 narvikk/iStock.com; p. 35 decade3d/iStock.com; p. 36 Noppanun K/Shutterstock; pp. 36–37 oliwkowygaj/iStock.com; p. 38 AmpYang Images/Shutterstock; p. 39 c Brian Jackson/Alamy; b imageBROKER.com GmbH & Co. KG/Alamy; pp. 40–41 adriaticfoto/Shutterstock; p. 44 t Baona/iStock.com; b kohei_hara/iStock.com; pp. 44–45 Brosa/iStock.com; p. 45 t Vicu9/iStock.com; c Syda Productions/Dreamstime.com; b PaulGregg/iStock.com

날고 기는 벌레들: p. 47 MirekKijewski/iStock.com; p. 49 Steve Smith/Getty Images; p. 52 Nicola Simoncini/Shutterstock; p. 54 t filipfoto/iStock.com; b Utopia_88/iStock.com; pp. 54–55 DanielPrudek/iStock.com; p. 55 t Pichest/iStock.com; c Mathisa_s/iStock.com; b Anagramm/iStock.com; p. 56 Denis Achberger/Shutterstock; p. 57 Le Do/Shutterstock; p. 59 Miguel Angel Munoz Ruiz/iStock.com; pp. 60–61 Adisak Mitrprayoon/iStock.com; p. 62 Richard Peterson/Shutterstock; p. 63 t Andyworks/iStock.com; c Nick N A/Shutterstock; b GlobalP/iStock.com; p. 64 Dorling Kindersley ltd/Alamy; p. 66 Jess Findlay; p. 67 Cornel Constantin/Shutterstock; p. 70 t marcouliana/iStock.com; b anthonyjhall/iStock.com; p. 71 tl grafvision/iStock.com; tr PavelHlystov/iStock.com; c BarbaraCerovsek/Dreamstime.com; b Antagain/iStock.com; pp. 72–73 US Geological Survey/Science Photo Library; p. 74 wabeno/Shutterstock; p. 75 irin-k/Shutterstock; pp. 80–81 Adisak Mitraprayoon/iStock.com

야생 동물: p. 83 janossygergely/iStock.com; p. 86 Troy Harrison/Getty Images; p. 89 l Alex Mustard/Nature Picture Library; r Avalon.red/Alamy; p. 90 t karenfoleyphotography/iStock.com; bl Arseniy45/iStock.com; br Denja1/iStock.com; p. 91 t frentusha/iStock.com; c bbevren/iStock.com; p. 91 Katiekk2/iStock.com; p. 95 Guy Edwardes Photography/Alamy; p. 98 David Chapman; p. 99 t Astrid860/iStock.com; c Phil Degginger/Alamy; pp. 100–101 Philippe Psaila/Science Photo Library; pp. 102–103 Avalon.red/Alamy; p. 104 Eric Isselee/Shutterstock; p. 107 Sergey Uryadnikov/Shutterstock; pp. 108–109 RibeirodosSantos/iStock.com; pp. 110–111 FOTO JOURNEY/Shutterstock; p. 112 t Mark Kostich/iStock.com; b Jo Staveley/iStock.com; p. 113 t CathyKeifer/iStock.com; c Petlin Dmitry/Alamy; bl GlobalP/iStock.com; br Adisha Pramod/Alamy; p. 114 Jake Pac, Axolotl Planet; p. 115 tl Jake Pac, Axolotl Planet; bl Jake Pac, Axolotl Planet; br Andrei Armiagov/Shutterstock; pp. 116–117 Delta Images/Getty Images; p. 117 vladsilver/Shutterstock

만든 사람들: p. 126 Holly Booth (Kate Slater and Gladys images); all other images on pp. 126–127 courtesy of the contributors pictured.

참고 자료

이 책을 출간하기 위한 모든 연구 과정은 여러 단계를 거쳐서 이루어졌습니다. 작가들은 신뢰할 만한 다양한 자료를 활용하였으며, 오류 점검팀이 추가로 정보를 확인했습니다. 또한 전문 편집자들이 각 장마다 정확성을 검토했습니다. 그 결과 이 책에는 모두 담을 수 없을 만큼 많은 참고 자료들이 사용되었습니다. 작가들이 각 장에서 활용한 자료의 출처들 중 일부를 추려 정리하였습니다.

주요 자료
bbc.com, bbc.co.uk; britannica.com; history.com; howstuffworks.com; kidshealth.org; livescience.com; nasa.gov; natgeokids.com; nationalgeographic.com; nature.com; newscientist.com; nhm.ac.uk; npr.org; science.org; scientificamerican.com; scijinks.gov; smithsonianmag.com; space.com; usgs.gov; wonderopolis.org

우리 몸: pp. 8–9 'Hair Follicle', my.clevelandclinic.org; **pp. 10–11** 'Learn About Eye Health', nei.nih.gov; **pp. 12–13** Anna Claybourne. The Usborne Complete Book of the Human Body. London: Usborne, 2004; 'How You Hear', mayoclinic.org; **pp. 14–15** 'The Human Nose Can Distinguish Between One Trillion Different Smells', smithsonianmag.com; **pp. 16–17** 'Lungs and Respiratory system', kidshealth.org; 'How Do Your Lungs Work?', asthmaandlung.org.uk; **pp. 18–19** 'Tongue', kids.britannica.com; **pp. 20–21** 'How The Heart Beats', nhlbi.nih.gov; 'Your Heart & Circulatory System', kidshealth.org; **pp. 22–23** 'How Do Bones Grow?', wonderopolis.org; 'Your bones', kidshealth.org; **pp. 24–25** 'Your Muscles', kidshealth.org; 'How Fast Do Nails Grow?', healthline.com; 'How Many Teeth Do Kids Have?', thesuperdentist.com; 'Current World Population', worldometers.info; 'How Fast Can a Human Run?', nytimes.com; **pp. 26–27** 'Digestive System', kidshealth.org; 'Digestion', bbc.co.uk/bitesize; **pp. 28–29** 'Cardiovascular System', kids.britannica.com; **pp. 30–31** 'Baby Fruit Size Comparison', newbeginnings.com.au; 'Fetal Development Week by Week', babycenter.com; Robie Harris. It's So Amazing! London: Walker Books, 1999; **pp. 32–33** Louie Stowell. Look Inside Your Body. London: Usborne, 2011; 'The Top 10 Benefits of Regular Exercise', healthline.com; **pp. 34–35** 'Catching a Cold', dettol.co.uk; 'Common Cold', mayoclinic.org; **pp. 36–37** 'What's a Booger?', kidshealth.org; '7 Facts About Mucus, Phlegm, and Boogers', everydayhealth.com; **pp. 38–39** 'Curious Kids: How Do Wounds Heal?', theconversation.com; **pp. 40–41** 'Inside the Science of Memory', hopkinsmedicine.org; 'Why Do We Remember Song Lyrics So Well?', geisinger.org; 'Memory Matters', kidshealth.org; **pp. 42–43** Matthew Walker. Why We Sleep. London: Penguin, 2018; **pp. 44–45** 'Pulse', ucsfbenioffchildrens.org; 'Eyelash Facts', eyemichigan.com; 'Why Do I Keep Farting?', healthline.com; '16 of the Weirdest and Wackiest Facts on the Human Body', penguin.co.uk; 'Saliva Between Normal and Pathological', ncbi.nlm.nih.gov; 'How Far Does a Sneeze Travel?', newscientist.com

날고 기는 벌레들: pp. 48–49 'Buzz Pollination', Koppert, youtube.com; 'This Vibrating Bumblebee Unlocks a Flower's Hidden Treasure', Deep Look, youtube.com; **pp. 50–51** 'How High Can Insects Fly?', livescience.com; 'How High Can Insects Fly?', sciencefocus.com; 'Look Up! The Billion-Bug Highway You Can't See', npr.org; **pp. 52–53** 'Where do bugs sleep?', wonderopolis.org; 'Do Insects Sleep?', sciencefocus.com; photograph shows image of Apis honeybee (p.52); **pp. 54–55** 'Slow and Steady Wins the Race: What is the Slowest Animal in the World?', eu.usatoday.com; '25 Cool Things About Bugs!', natgeokids.com; 'The First True Millipede', nature.com; 'ScienceShot: World's Strongest Insect', science.org; 'Honey Bee Trivia', reigatebeekeepers.org.uk; 'Spider Silk', chm.bris.ac.uk; '25 Cool Things About Bugs!', natgeokids.com; photographs show images of Cornu aspersum (p.54 t), Scarabaeus viettei (p.54 bl), Apis mellifera (pp.54–55 b), Papilio swallowtail caterpillar (p.55 t) and Trigoniulus corallinus (p.55 c); **pp. 56–57** 'How Do Bugs Stick to Walls?', guloinnature.com; 'How Do Spiders Climb?', animals.mom.com; photographs show images of Mantis praying mantis (p.56) and Musca domestica (p.57); **pp. 58–59** 'Understanding the 4 Types of Spider Web', preferredpestcontrol.net; photograph shows image of Araneidae spider; **pp. 60–61** 'What Are Dragonfly Wings Made Of?', abc.net.au; 'Dragonfly Wings Could Inspire New Aeroplane Flight Control', nhm.ac.uk; photograph shows image of Crocothermis erythraea; **pp. 62–63** 'Worms Know What's Up–and Now Scientists Know Why', npr.org; 'How Do Worms Tell Direction?', Did YU Know, youtube.com; photographs show images of Lumbricus earthworm (p.62), Dendrobaena earthworm (p.63 c), Erithacus rubecula (p.63 t) and Talpa europaea (p.63 b); **pp. 64–65** 'Snail Anatomy', snail-world.com; 'Slug and Snail Anatomy', allaboutslugs.com; photograph shows image of Cornu aspersum; **pp. 66–67** 'Watch Butterflies in the Amazon Drinking Turtle Tears', iflscience.com; 'What Do Butterflies Eat?', naturemuseum.org; photograph shows image of Papilio demoleus (p.66); **pp. 68–69** 'Walking on Water', cmnh.org; 'Water Striders', nwf.org; 'How Do Water Striders Walk on Water?', howitworksdaily.com; **pp. 70–71** 'How to Identify Beetles', wildlifetrusts.org; 'An Introduction to Queen Honey Bee Development', extension.psu.edu; 'Guide to Slugs and Snails', countryfile.com; '14 Fun Facts About Dragonflies', smithsonianmag.com; 'Rapper Giant Earthworm', inaturalist.

org; photographs show images of Trypocopris vernalis (p.70 t), Aeshna cyanea (p.70 b), Apis honeybee (p.71 tl), Lumbricus earthworm (p.71 tr) and Bombus bumblebee (p.71 b); **pp. 72–73** 'What Do Flies See Out of Their Compound Eye?', animals. mom.com; photograph shows image of Calliphora vicina; **pp. 74–75** DK Eyewitness Insect. DK: London, 2017. 'Wasp vs Bee: 7 Main Differences Explained', a-z-animals.com; 'Bee vs Wasp: What's The Difference?', discoverwildlife.com; photographs show images of Apis honeybee (p.74) and Vespula wasp (p.75); **pp. 76–77** 'Why Crickets Just Won't Shut Up', kqed.org; 'Have a Cricket Tell You the Temperature!', sciencebuddies.org; **pp. 78–79** 'Collective Mind in the Mound: How Do Termites Build Their Huge Structures?', nationalgeographic.com; 'A Method in the Madness: How Termites Build and Repair their Mounds', thewire.in; **pp. 80–81** 'How Many Ants Live on Earth? At Least 20 Quadrillion, Scientists Say', news.mongabay.com; 'How Many Ants Are in the World?', iflscience.com; photograph shows image of Acromyrmex ants

야생 동물: pp. 84–85 'How Do Jellyfish Sting?', ocean.si.edu; 'Jellyfish Stings', mayoclinic.org; **pp. 86–87** 'Why Do Beavers Build Dams?', sciencefocus.com; 'How Do Beavers Build Dams?', worldatlas.com; **pp. 88–89** 'How Do Snakes Move?', discoverwildlife.com; 'How Snakes Move', learning.dk.com; photographs show images of Laticauda colubrina (p.89 l) and Chrysopelea paradisi (p.89 r); **pp. 90–91** 'Kangaroo', kids.nationalgeographic.com; 'Giraffe', nationalgeographic. com; 'What Can Shark Teeth Tell Us?', nhm.ac.uk; 'The Fastest Animals on Earth', britannica.com; 'Record-breakers', uk.whales. org; 'The Longest-living Animals on Earth', livescience.com; photographs show images of Macropus giganteus (p.90 t), Carcharodon carcharias (p.90 bl), Falco peregrinus (p.90 br), Giraffa camelopardalis (p.91 t), Balaenoptera musculus (p.91 c) and Aldabrachelys gigantea (p.91 b); **pp. 92–93** 'Secret Language of Dolphins', kids.nationalgeographic.com; 'Whales and Dolphins Squeal With Delight', science.org; **pp. 94–95** 'Why Are Sloths Slow and Six Other Sloth Facts', worldwildlife. com; '10 Facts About Sloths', worldanimalprotection.us; photograph shows image of Bradypus variegatus; **pp. 96–97** 'Adaptations and Characteristics', polarbearsinternational.org; 'How Do Polar Bears Stay Warm?', nhm.ac.uk; **pp. 98–99** 'How Frogs Work', animals.howstuffworks.com; 'The Frog Life Cycle', natgeokids.com; 'Tadpole to Frog: Development Stages and Metamorphosis', saga.co.uk; **pp. 100–101** 'Eyes Give 360° Vision: Chameleons', asknature.org; 'Animal Vision: Seeing in All Directions', opticianonline.net; photograph shows image of Furcifer pardalis; **pp. 102–103** 'Flight, food and echolocation', bats.org.uk; photograph shows image of Rhinolophus ferrumequinum; **pp. 104–105** 'Mole', wildlifetrust.org; 'Going Underground: The Extraordinary Life of a Mole', ptes.org; photograph shows image of Talpa europaea; **pp. 106–107** 'How Do Sharks Catch Prey?', animals.mom.com; 'How Do Sharks Hunt?', sportfishhub.com; 'Detection and Generation of Electric Signals', sciencedirect.com; photograph shows image of Carcharodon carcharias; **pp. 108–109** 'Sepioteuthis Lessoniana', animaldiversity.org; 'Bigfin Reef Squid', animalcorner.org; photograph shows image of Sepioteuthis lessoniana; **pp. 110–111** 'How Birds Fly', sciencelearn.org. nz; 'Birds', kids.britannica.com; photograph shows image of Buceros bicornis; **pp. 112–113** 'Why Tyrannosaurus Rex Was One of the Fiercest Predators of All Time', nationalgeographic. com; 'How Long Is a Chameleon's Tongue?', allthingsnature. org; 'What is the Biggest Snake in the World?', nhm.ac.uk; 'Top 10 Facts About Koalas', wwf.org.uk; 'How Far Can an Owl See–During Day or Night?', totaltails.com; 'At 26,700 Feet, This is the Deepest Swimming Fish Known', smithsonianmag. com; photographs show images of Tyrannosaurus rex (p.112 t), Phascolarctos cinereus (p.112 b), Furcifer pardalis (p.113 t), Malayopython reticulatus (p.113 c), Strix nebulosa (p.113 bl) and Pseudoliparis amblystomopsis (p.113 br); **pp. 114–115** with thanks to Jake Pak of Axolotl Planet for their advice; 'Axolotls: Meet the Amphibians That Never Grow Up', nhm. ac.uk; 'Axolotl', animals.sandiegozoo.org; photographs show images of Ambystoma mexicanum (p.114, p.115 t, p.115 bl) and Carassius auratus (p.115 br); **pp. 116–117** 'How Do Penguins Tell Each Other Apart?', britannica.com; 'Penguins Have Rare Ability to Recognise Each Other's Faces and Voices', newscientist.com; photographs show images of Aptenodytes patagonicus (b) and Aptenodytes forsteri (t); **pp. 118–119** 'How an Asteroid Ended the Age of the Dinosaurs', nhm.ac.uk; 'How Dinosaurs Evolved into Birds', nhm.ac.uk

만든 사람들

글

샐리 사임스

샐리 사임스는 작가가 되기 전 오랫동안 어린이 책 디자이너로 일했습니다. 닉 샤랫과 공동으로 작업한 책 《Gooey, Chewy, Rumble, Plop》으로 '교육서 작가상'을, 《Something Beginning with Blue》로 '사우샘프턴 함께 읽고 싶은 책 상'을 수상했습니다. 또한 《Britannica's 5-Minute Really True Stories for Bedtime》에 실린 9개의 이야기와 《브리태니커 호기심 백과》, 《브리태니커 첫 베이비 백과》를 썼습니다. 현재 영국 서식스의 작업실에서 심술궂은 고양이와 함께 지내며 일하고 있습니다.

도움을 준 전문가

클레어 레이 교수
'우리 몸'

클레어 레이 교수는 영국 버밍엄대학교에서 의학을 공부했고, 심장과 혈관에 대해 연구해 박사 학위를 받았습니다. 2010년부터 강사로 일하며 많은 사람들이 과학에 더 많은 관심을 가지도록 돕는 일을 하고 있습니다. 2022년에는 고등 교육 아카데미의 수석 연구원이 되었고, 2023년에는 과학을 배우기 어려운 사람들도 대학에서 공부할 수 있도록 도와주는 일에 힘쓰고 있습니다. 현재는 과학 기술 분야 자선 단체인 In2scienceUK의 이사입니다.

그림

케이트 슬레이터

케이트 슬레이터는 영국 스태퍼드셔의 아름다운 농장에서 자랐습니다. 킹스턴대학교에서 일러스트레이션을 공부한 후, 《브리태니커 호기심 백과》, 《A Peek at Beaks》, 《The Birthday Crown》, 《The Little Red Hen》, 《Magpie's Treasure》 등에 그림을 그렸습니다. 그 외에도 내셔널 트러스트 활동으로 판 제도에 설치한 400마리의 새 조형물을 포함하여 여러 설치 미술 작업에 참여했습니다.

조이 시몬스
'날고 기는 벌레들'

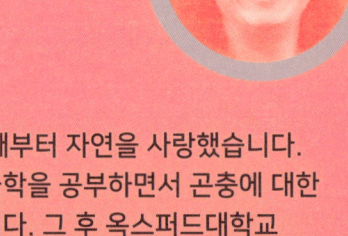

조이 시몬스는 어릴 때부터 자연을 사랑했습니다. 대학교에서 환경 생물학을 공부하면서 곤충에 대한 관심이 더욱 커졌습니다. 그 후 옥스퍼드대학교 자연사박물관에서 곤충을 연구하는 일을 시작했고, 20년이 지난 지금까지 박물관에 있는 550만 개가 넘는 동물 표본을 관리하는 일을 하고 있습니다.

에마 멜러 박사
'야생 동물'

에마 멜러 박사는 동물의 행동과 진화에 대해 연구하는 생물학자로, 영국 브리스틀대학교에서 일하고 있습니다. 동물들이 다양한 환경에서 어떻게 살아가며, 이러한 동물들을 어떻게 보호할지 연구하고 있습니다. 앵무새와 같은 반려동물에서부터 동물원에서 사육하는 동물들까지, 동물들의 복지를 위해 노력하고 있습니다.

옮김

김아림

서울대학교에서 생물학을 공부하고 동대학원 과학사 및 과학철학 협동과정에서 석사 학위를 받았습니다. 출판사에서 책을 만들다 지금은 번역 에이전시 엔터스코리아에서 번역가로 활동하고 있습니다. 옮긴 책으로는 《DK 인체 대백과사전!》, 《나의 첫 뇌과학 수업》, 《과학의 반쪽사》, 《과학이 쉬워지는 실험 레시피》, 《원자에서 빅뱅까지 세상의 모든 과학》, 《쓸모없는 지식의 쓸모》 등이 있습니다.

**What on Earth! 호기심 백과
우리 몸과 동물의 비밀**

2025년 2월 3일 1쇄 인쇄 | 2025년 2월 10일 1쇄 펴냄
글 샐리 사임스 | 그림 케이트 슬레이터 | 옮김 김아림
펴낸이 안은자 | 기획·편집 김정은, 김민정 | 디자인 이슬이
펴낸곳 (주)기탄출판 | 등록 제2017-000114호
주소 06698 서울특별시 서초구 효령로 40 기탄출판센터
전화 (02)586-1007 | 팩스 (02)586-2337 | 홈페이지 www.gitan.co.kr

※ 이 책의 본문은 'Mapo 한아름' 서체를 사용했습니다.
※ 잘못된 책은 구입처에서 교환해 드립니다.
⚠ 책 모서리에 다칠 수 있으니 주의하시기 바랍니다.
부주의로 인한 사고의 경우 책임을 지지 않습니다.

What on Earth! FIRST BIG BOOK OF HOW
Written by Sally Symes and Saranne Taylor
First published 2024 by What on Earth Publishing Ltd
Text ⓒ 2024 What on Earth Publishing Ltd
Illustrations ⓒ 2024 Kate Slater
Korean translation ⓒ 2025 Gitan Publications Co., Ltd.
All rights reserved.

This edition is published by arrangement with What on Earth Publishing Ltd
through KidsMind Agency, Korea.

이 책의 한국어판 저작권은 키즈마인드 에이전시를 통해
What on Earth Publishing Ltd와 독점 계약한 (주)기탄출판에 있습니다.
신저작권법에 의해 한국 내에서 보호를 받는 저작물이므로 무단 전재와 복제를 금합니다.

기발하고 신박한 질문들
호기심 백과

꼬물꼬물 벌레부터 드넓은 우주까지! 아이들의 기발하고 신박한 수많은 질문들에 각 분야의 전문가들이 친절하게 답해 주어요. 다양한 주제와 과학적인 설명, 생생한 사진과 일러스트로 재미있게 호기심을 해결해요!

글 샐리 사임스 외 | **그림** 케이트 슬레이터
판형 210×280mm | **쪽수** 각 권 136~148쪽 | **값** 각 권 16,800원

What on Earth!와 Britannica 두 출판사는 오랜 전통과 전문성을 바탕으로, 교육 콘텐츠를 함께 만들어 가는 파트너십을 맺고 어린이를 위한 논픽션 도서들을 발간하고 있습니다.